乡村木造建筑图集

周海宾　韩晓峰　武国芳　杨新波　著

中国建筑工业出版社

图书在版编目（CIP）数据

乡村木造建筑图集/周海宾等著．—北京：中国建筑工业出版社，2023.2
ISBN 978-7-112-27748-3

Ⅰ．①乡…　Ⅱ．①周…　Ⅲ．①木结构-建筑设计-图集　Ⅳ．①TU366.2-64

中国版本图书馆 CIP 数据核字（2022）第 142889 号

责任编辑：王晓迪
责任校对：李辰馨

乡村木造建筑图集
周海宾　韩晓峰　武国芳　杨新波　著
*
中国建筑工业出版社出版、发行（北京海淀三里河路 9 号）
各地新华书店、建筑书店经销
霸州市顺浩图文科技发展有限公司制版
北京云浩印刷有限责任公司印刷
*
开本：787 毫米×1092 毫米　横 1/16　印张：11½　字数：302 千字
2023 年 2 月第一版　　2023 年 2 月第一次印刷
定价：**48.00** 元
ISBN 978-7-112-27748-3
（39927）

前　　言

木造建筑是农村特有的建筑肌理，承载了几代人的记忆。大家一谈到木造建筑，首先想到的就是农村的木屋，也油然而生一种对温馨和恬静的田园生活的向往。可以说，农村的木造建筑展现的不仅仅是人们勤劳营造的生产生活场所，更是一幅人和自然和谐共生的画卷。但不可否认，传统的农村木造建筑在居住舒适性方面逐步与人们的美好生活需求拉开了差距。过去三十年，农村使用的建筑材料及结构一直在悄然改变，木造建筑大有一种要退出农村建筑历史舞台的趋势。

现代木造建筑是一种源于传统建筑，既有继承又要发扬的建筑。不同于以往的是，其建筑材料主要使用现代结构材料，而不是未经分级的原木和方木；连接主要采用榫卯、金属件或两者相结合的形式，而不是单纯靠榫卯连接；结构体系更趋完善，不再完全是梁柱木结构；居住性能内涵愈加丰富，保温隔热、防水防潮、隔声、防火等性能基本实现目标化设计，不仅仅是为了居住有一尺之地；建造方式突破现场施工的技术壁垒，实现了向工厂预制化升级，装配率亦有很大提升。

国家出台《乡村建设行动实施方案》，努力让农村具备更好的生活条件，建设宜居宜业的美丽乡村。为了让现代木造建筑在乡村民生建设中发挥更大作用，我们组织人员对应用场景进行了深入调研。因此，本书对现代木造建筑应用场景进行了细分，包含了住宅、仓房、村委会办公建筑、服务中心建筑、民宿、厕所、快递驿站等，提供了各类建筑的平面图和详细构造图，特别增加了材料选用等附录，力求降低应用单位或个人在木造建筑项目设计方面的专业难度。

本书撰写过程中参考引用了现行标准规范中的有关资料，并得到了中国建筑标准设计研究院有关专家的支持和帮助，在此一并表示感谢。由于编写时间仓促，著者水平有限，书中难以详尽所有技术内容，并且缺点、错误也在所难免，敬请广大读者尤其是相关专业人士批评指正。

编　者

2022 年 6 月

目　录

图集　建筑类型及案例

附录　木材性能、规格及种类

图 集

建筑类型及案例

一、效 果 图 集

住宅 1

住宅 1 是专门针对三代六口之家设计的住宅，建筑造型错落有致，层次感强。一层设 3 处通室外门，符合乡村居民的生活习惯。房间设置有窗户和天窗，保证自然采光和良好通风；卫生间干湿采用“分离式”设计。梁柱材采用方木，亦可采用胶合木，覆面板采用结构胶合板，亦可采用定向刨花板。构件工厂化预制，现场装配化施工，建筑单体预制率在 0.85 以上。

住宅 1

住宅 1

住宅 1

住宅 1

住宅2

住宅2是专为青年两口之家设计的住宅，有宽敞的露台、预留烟囱的壁炉、开放式厨房以及多功能室。其中，二层多功能室是为满足工作或娱乐需要而设置的活动空间，也可以根据人口变化再进行二次空间分隔。梁柱材采用方木，亦可采用胶合木，覆面板采用结构胶合板，亦可采用定向刨花板。构件工厂化预制，现场装配化施工，建筑单体预制率在0.85以上。

住宅 2

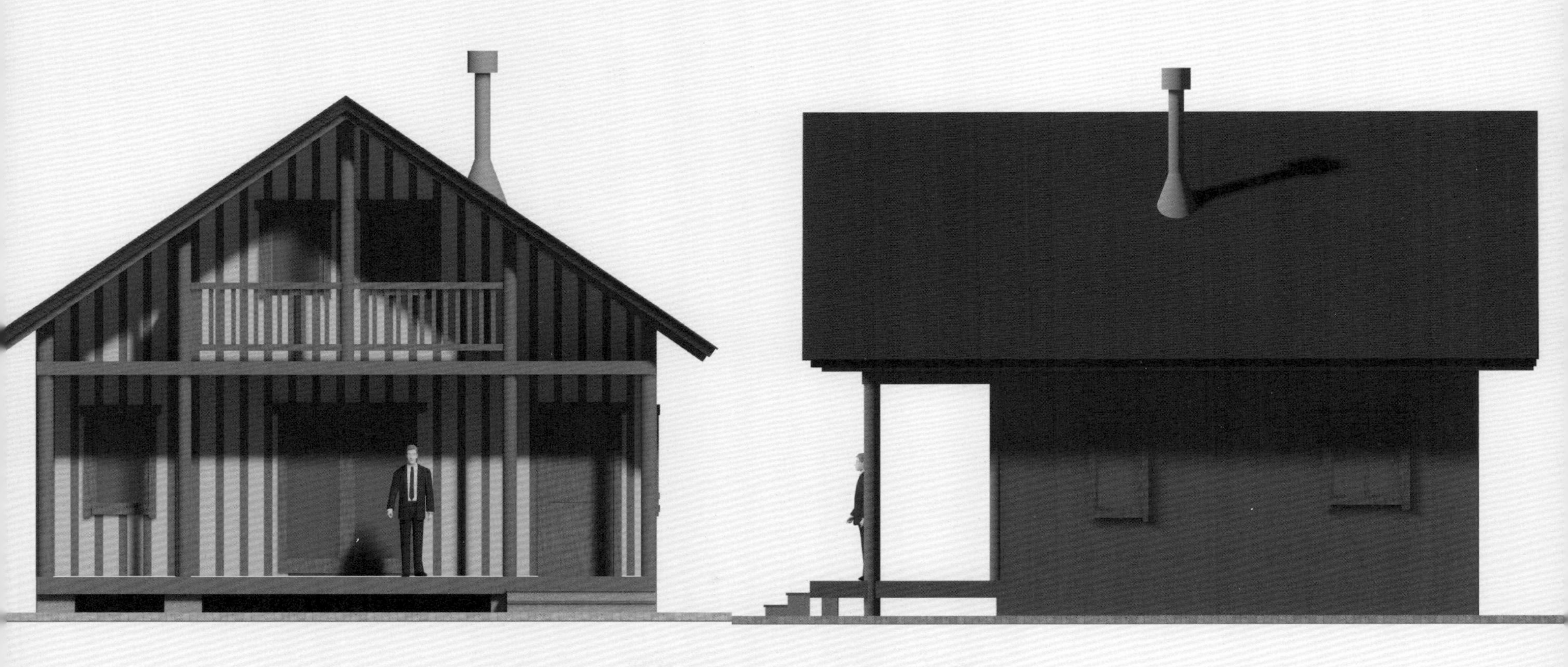

住宅 3

住宅 3 是针对邻水环境或山地地形而设计的“干栏式”住宅，适合三代五口之家。门厅的设计既能保证结构的对称性又营造了室内外缓冲过渡区；二层卧室采取套间式设计，满足居民休息的需求。局部墙体采用斜撑方式提高建筑的水平抗侧能力。梁柱材采用方木或胶合木，覆面板采用结构胶合板。构件工厂化预制，现场装配化施工，建筑单体预制率在 0.85 以上。

住宅 3

住宅 3

住宅 3

大民宿

民宿是针对乡村旅游而设计的住宅。其中，大民宿针对4～5个家庭集体。一层卧室共享洗浴间，二层卧室各有独立卫生区。小民宿针对单个家庭，需要室外公共卫生间配套。民宿的结构体系均为井干式木结构。大民宿正面立柱采用原木。整体建筑风格体现原始之风，让游客有回归自然之感。横木采用方木或胶合木，覆面板采用结构胶合板或定向刨花板。构件工厂化预制，现场装配化施工，建筑单体预制率在0.80以上。

大民宿

小民宿 1

小民宿 2

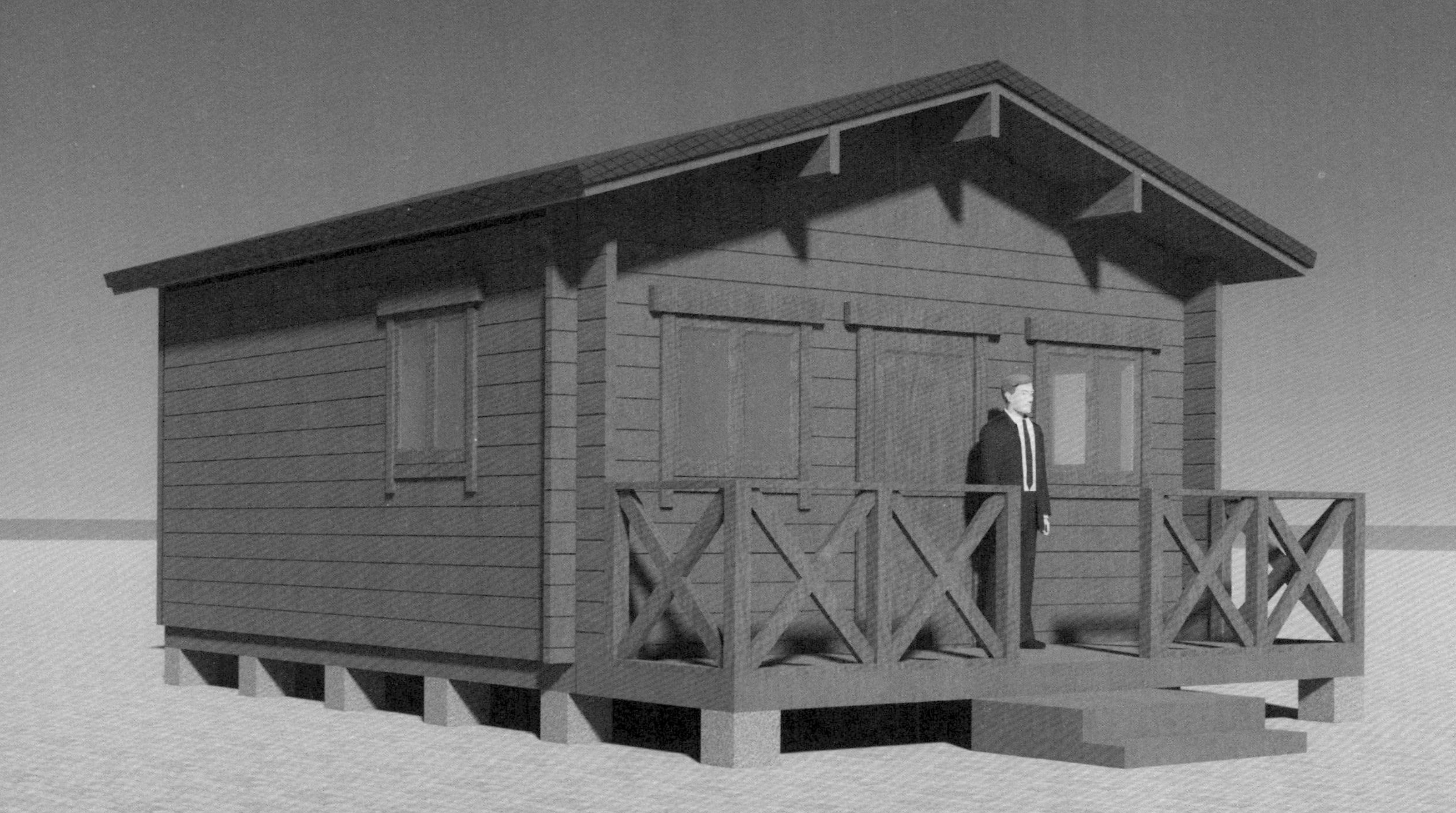

小民宿 2

农村服务中心

农村服务中心是专门为满足农村居民休闲聚会、商务洽谈、读书阅览等需求而设计的公共活动场所，建筑高度为1层，局部设阁楼，高宽比较小，正面设长檐廊，整体凸显乡村特有的风格。建筑结构体系为木框架加斜撑结构，梁柱材采用方木或胶合木，覆面板采用结构胶合板。构件工厂化预制，现场装配化施工，建筑单体预制率在0.85以上。

农村服务中心

农村服务中心

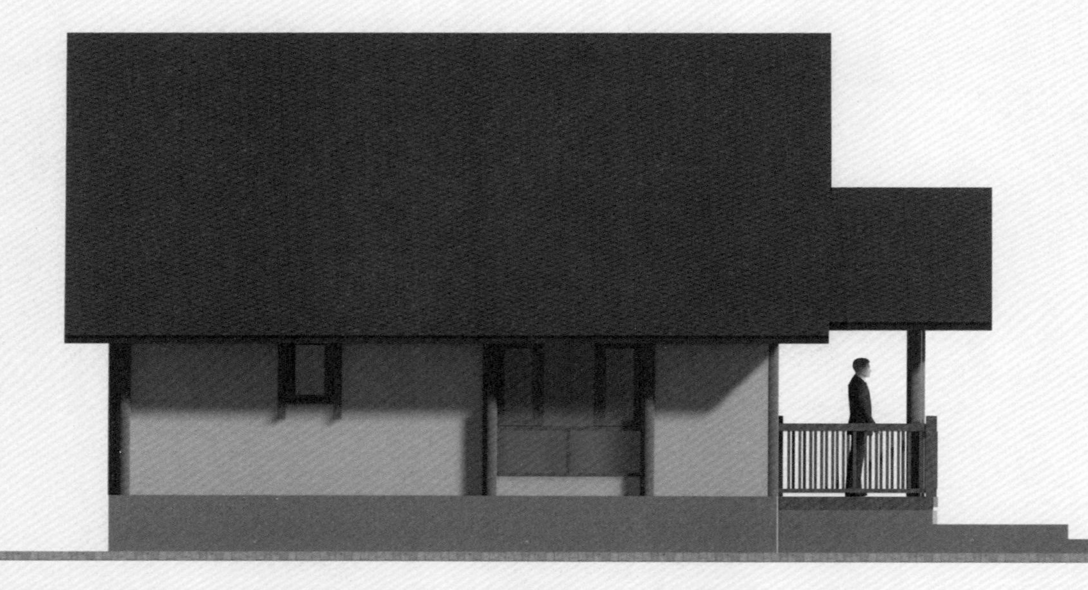

村委会办事处

村委会办事处是针对村委会工作任务和功能而设计的办公场所，一层有议事大厅，二层有会客厅和文件档案室，楼上楼下均为为工作人员而设的独立办公室，集中设有公共卫生间。建筑采用原木框架结构，建筑整体有厚重感，营造工作认真踏实和办事公正的氛围。构件工厂化预制，现场装配化施工，建筑单体预制率在 0.80 以上。

村委会办事处

村委会办事处

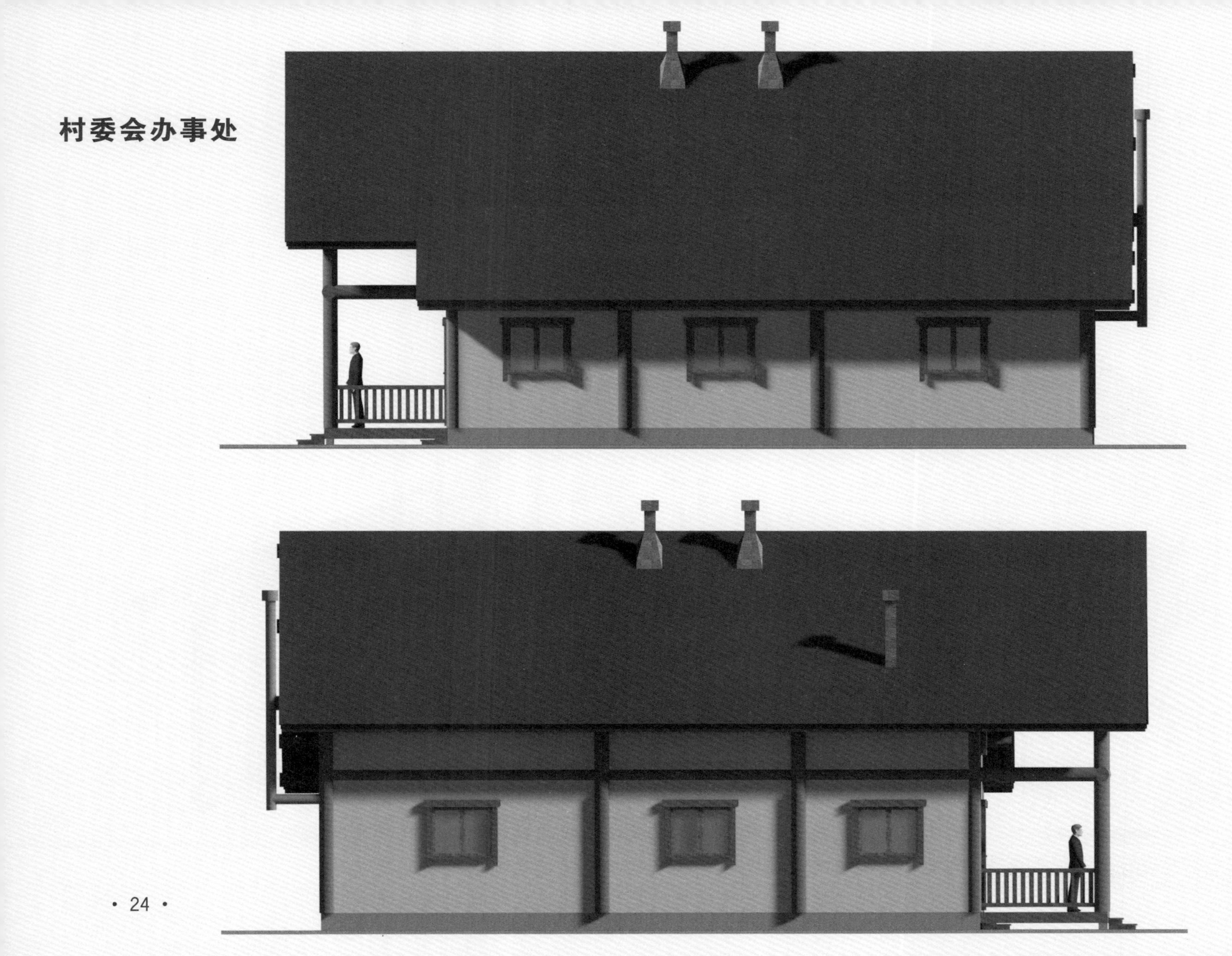

仓房

仓房是乡村特有的建筑类型，主要用于临时储藏多种农村物资、工具。具有灵活设置的特征，其规模一般较小，多处分布，适应乡村农忙农闲等不同季节的劳动节奏。采用原木井干式结构，基础灵活设置，设防雨棚和通风窗户。构件工厂化预制，现场装配化施工，建筑单体预制率在 0.90 以上。

仓房

快递驿站

快递驿站是当下乡村出现的新建筑类型。在有条件的乡村地区可以独立设置快递驿站，房屋规模根据各村实际物件存储量灵活增减。采用原木井干式结构，设较大的门廊空间，檐口有装饰性三角桁架构件。建筑构件工厂化预制，现场装配化施工，建筑单体预制率在0.90以上。

快递驿站

公共卫生间

公共卫生间是提升乡村形象和居民生活便利性的重要基础设施。采用原木井干式结构，设较大门廊空间，设置通风窗改善厕所通风。构件全工厂化预制，现场装配化施工，建筑单体预制率在0.80以上。

公共卫生间

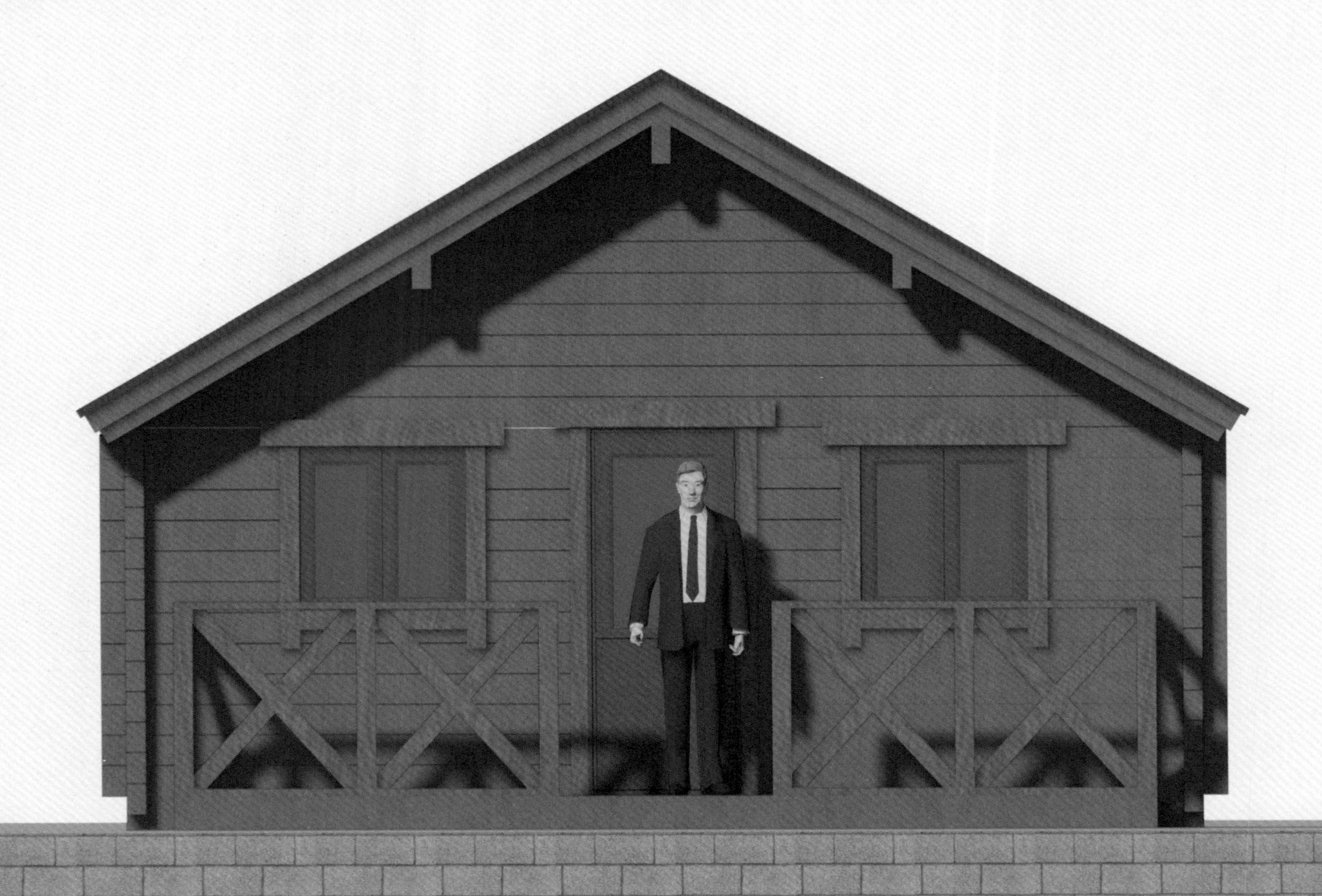

二、技 术 图 集

住宅 1

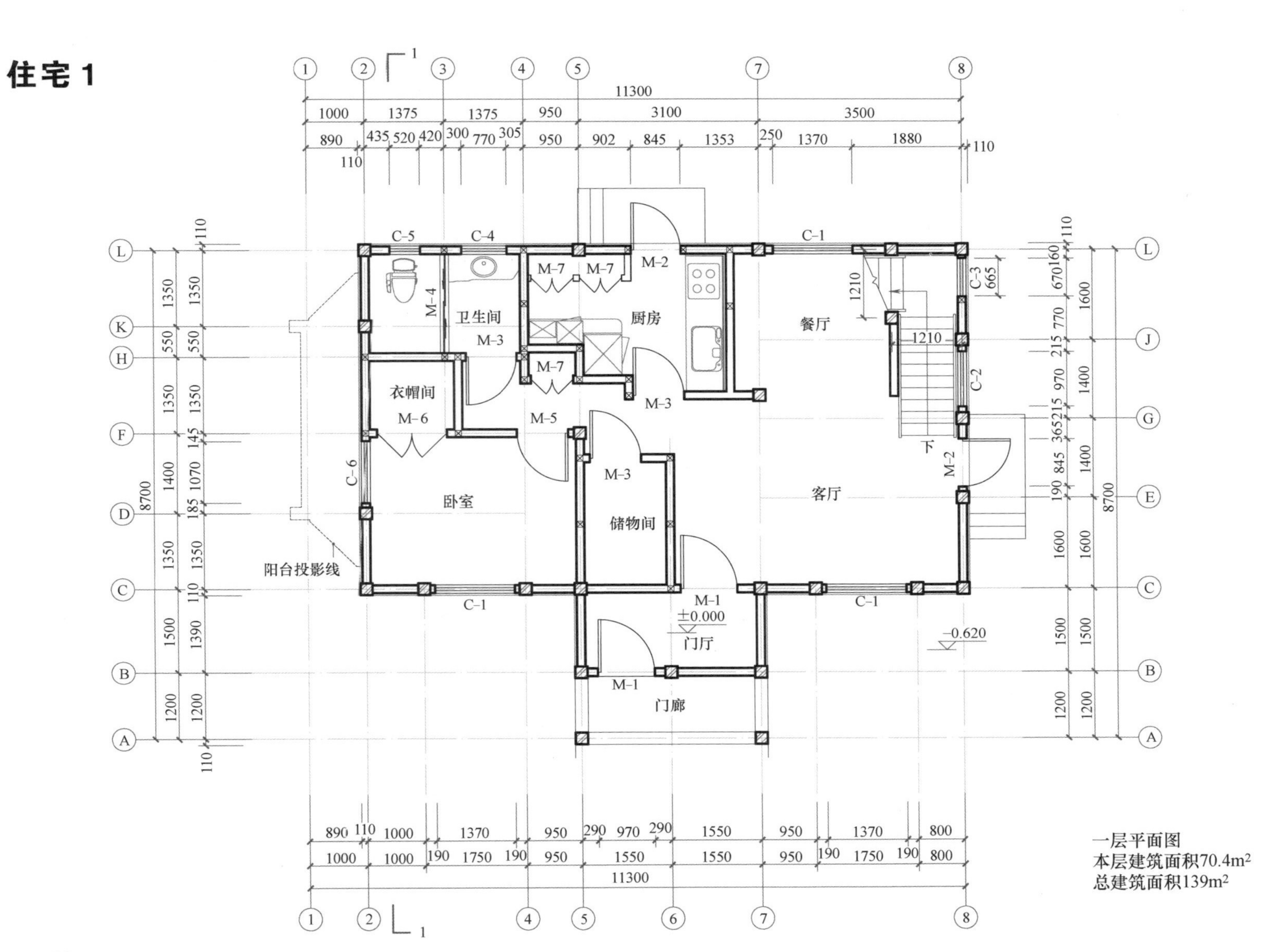

一层平面图
本层建筑面积70.4m²
总建筑面积139m²

住宅 1

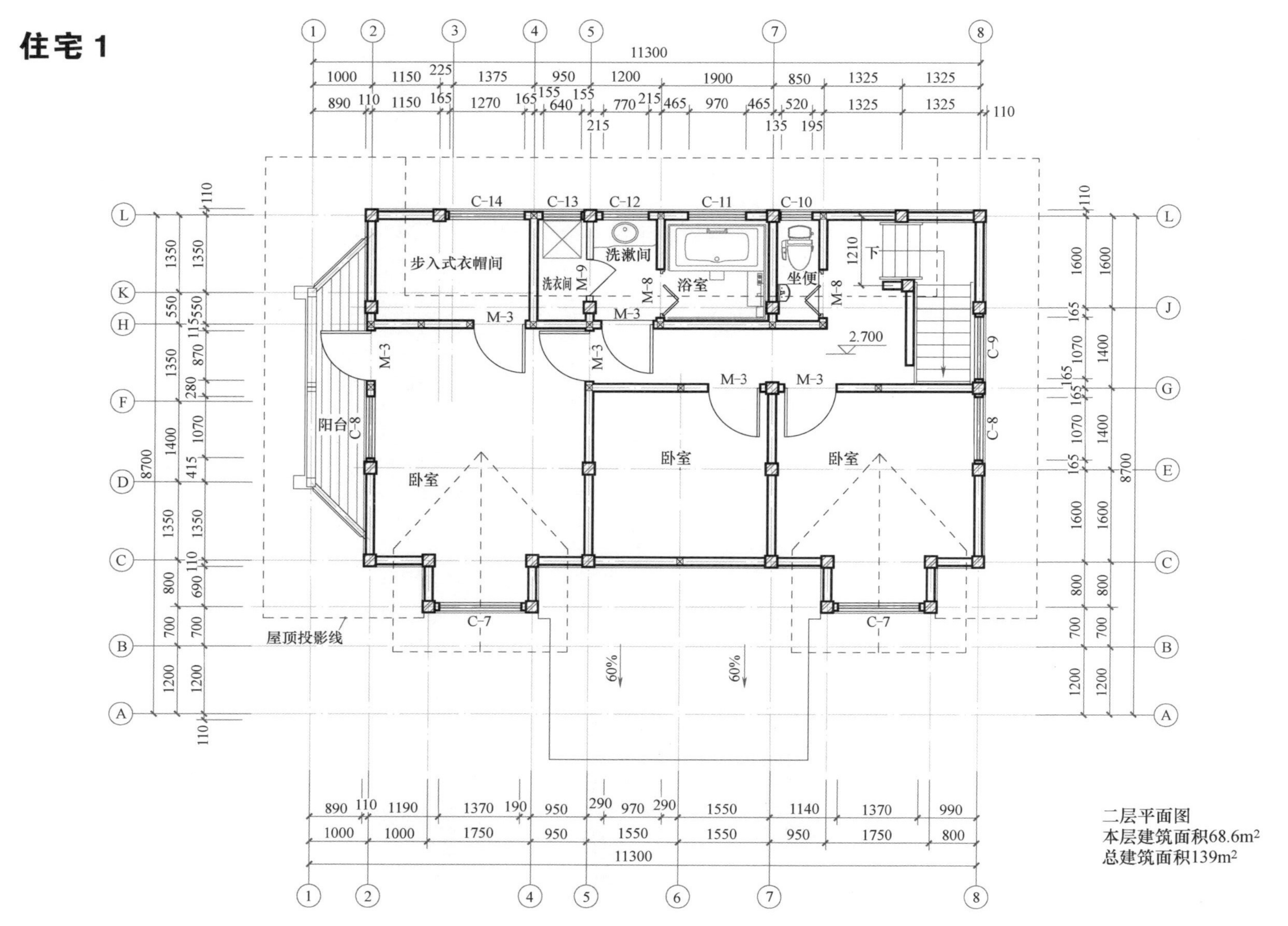

二层平面图
本层建筑面积68.6m²
总建筑面积139m²

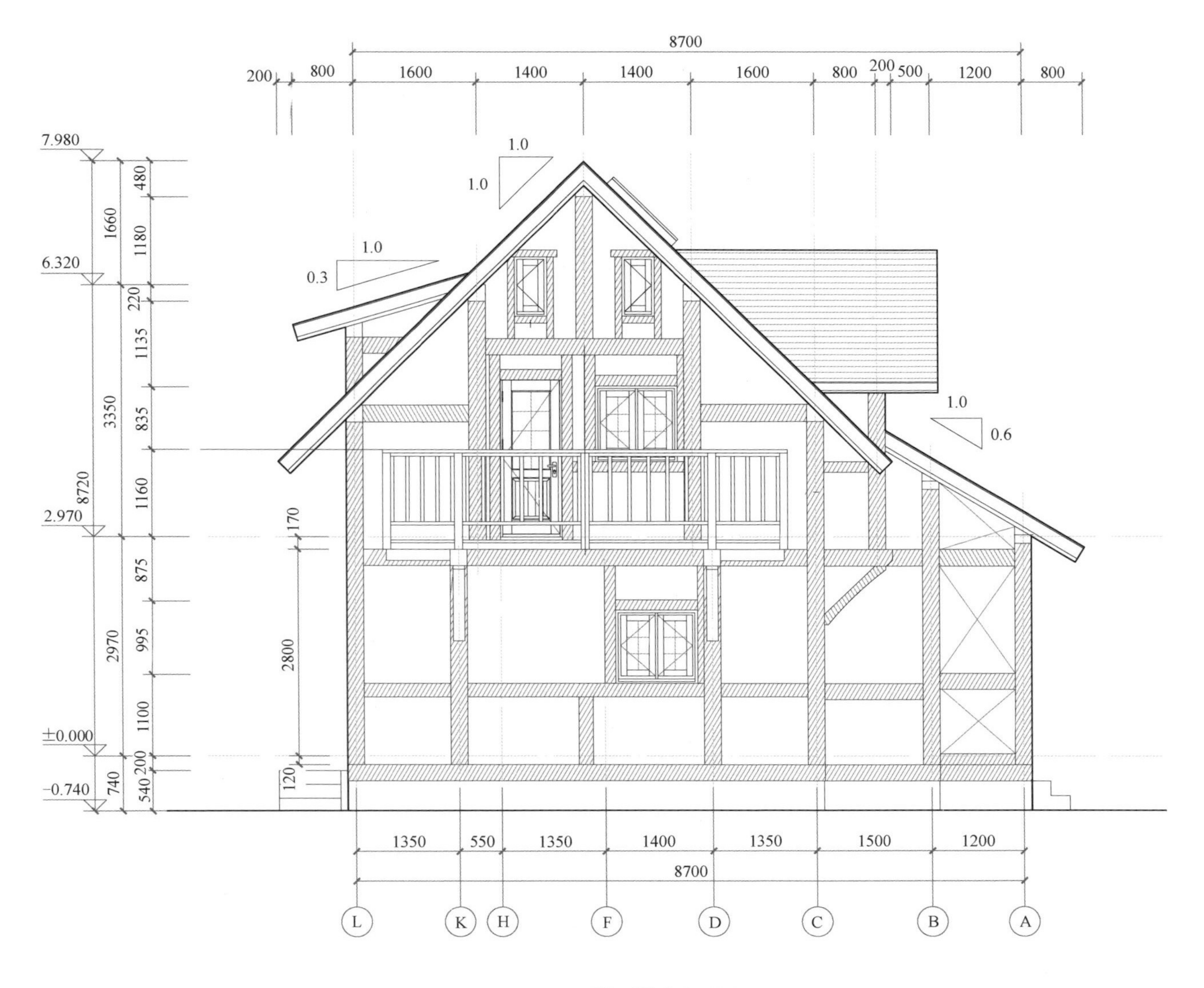
8700
200
800
1600
1400
1400
1600
800
200
500
1200
800
7.980
1.0
1.0
480
1660
1180
1.0
0.3
6.320
220
1135
3350
835
1.0
0.6
8720
1160
2.970
170
875
2970
995
2800
1100
±0.000
200
120
740
540
−0.740
1350
550
1350
1400
1350
1500
1200
8700
L
K
H
F
D
C
B
A

Ⓛ~Ⓐ轴立面图

住宅 1

1.0
1.2
7.980
6.320
2.970
±0.000
−0.740
480
1180
220
1135
995
1000
795
1195
980
120
620
1660
3350
2970
740
8720
1000
1000
1750
950
1550
1550
950
1750
800
11300
1
2
4
5
6
7
8

①～⑧轴立面图

7.980
6.478
2.970
±0.000
−0.740
480
1022
1502
1613
595
3508
760
8720
1300
795
1195
2970
980
740
740
1210
2290
3100
950
1375
1375
1000
11300
8
7
5
4
3
2
1

⑧～①轴立面图

住宅 1

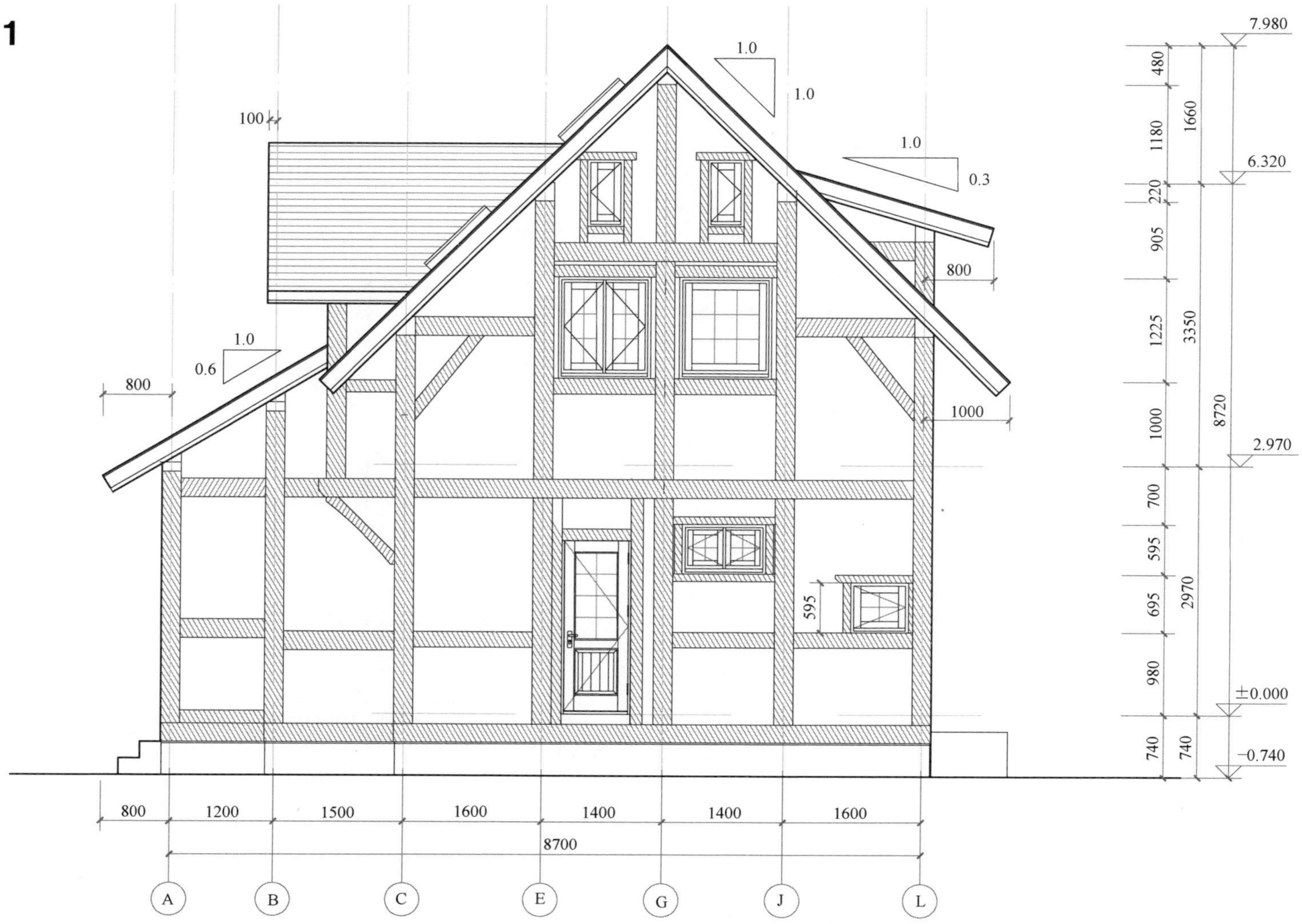

7.980
6.320
2.970
±0.000
−0.740
480
1180
1660
220
905
1225
3350
8720
1000
700
595
695
2970
980
740
740
1.0
1.0
1.0
0.3
1.0
0.6
100
800
800
1000
595
800
1200
1500
1600
1400
1400
1600
8700
A
B
C
E
G
J
L

Ⓐ~Ⓛ 轴立面图

住宅 1

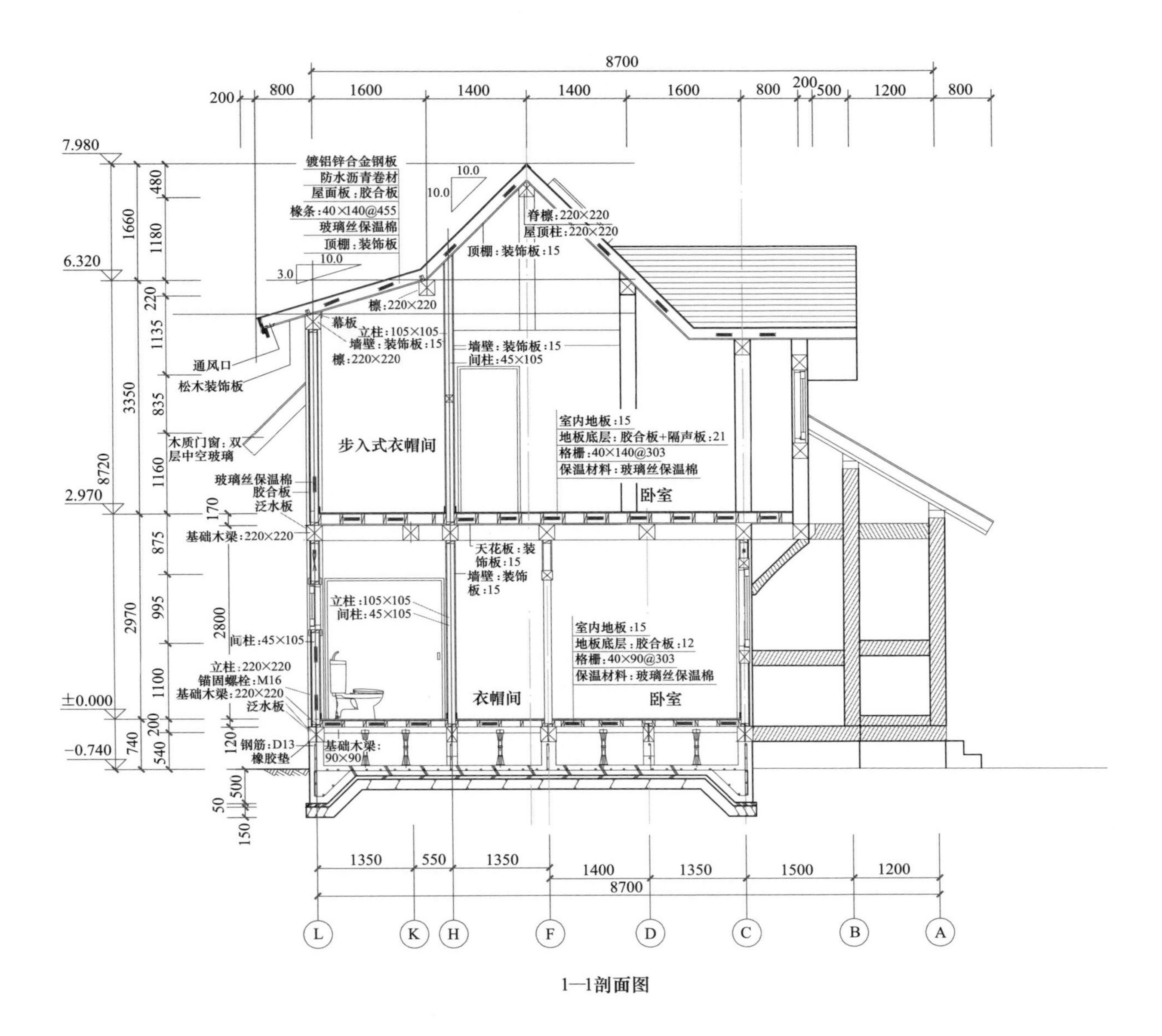

镀铝锌合金钢板
防水沥青卷材
屋面板：胶合板
椽条：40×140@455
玻璃丝保温棉
顶棚：装饰板
脊檩：220×220
屋顶柱：220×220
顶棚：装饰板：15
檩：220×220
幕板
立柱：105×105
墙壁：装饰板：15
檩：220×220
通风口
松木装饰板
木质门窗：双层中空玻璃
墙壁：装饰板：15
间柱：45×105
室内地板：15
地板底层：胶合板+隔声板：21
格栅：40×140@303
保温材料：玻璃丝保温棉
步入式衣帽间
卧室
玻璃丝保温棉
胶合板
泛水板
基础木梁：220×220
天花板：装饰板：15
墙壁：装饰板：15
立柱：105×105
间柱：45×105
间柱：45×105
室内地板：15
地板底层：胶合板：12
格栅：40×90@303
保温材料：玻璃丝保温棉
立柱：220×220
锚固螺栓：M16
基础木梁：220×220
泛水板
衣帽间
卧室
钢筋：D13
橡胶垫
基础木梁：90×90
7.980
6.320
2.970
±0.000
−0.740
8700
200
800
1600
1400
1400
1600
800
200
500
1200
800
10.0
10.0
10.0
3.0
480
1180
220
1135
835
1160
170
875
995
1100
200
120
540
1660
3350
8720
2970
740
2800
500
50
150
1350
550
1350
1400
1350
1500
1200
8700
L
K
H
F
D
C
B
A

1—1剖面图

住宅 2

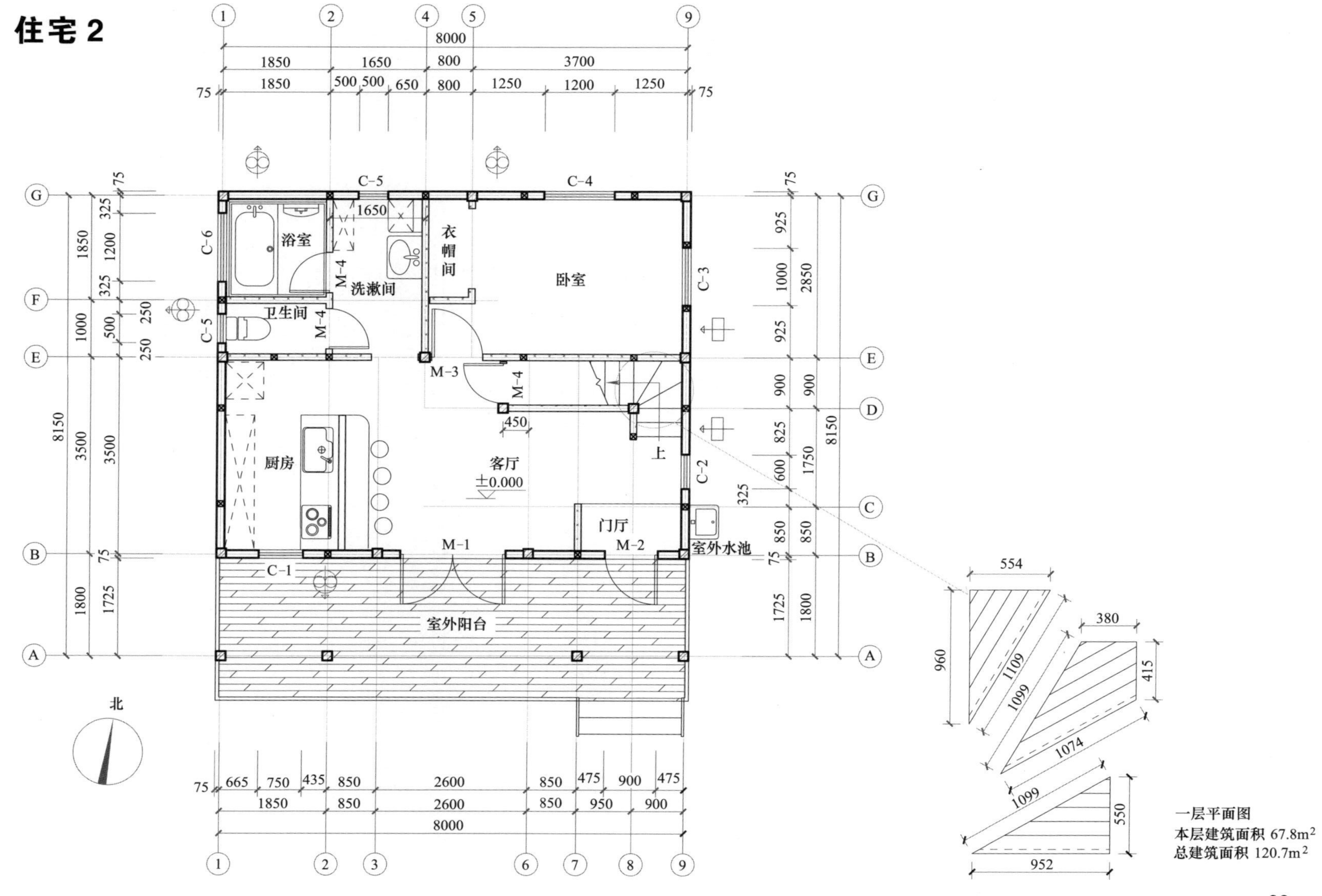

一层平面图
本层建筑面积 67.8m²
总建筑面积 120.7m²

住宅 2

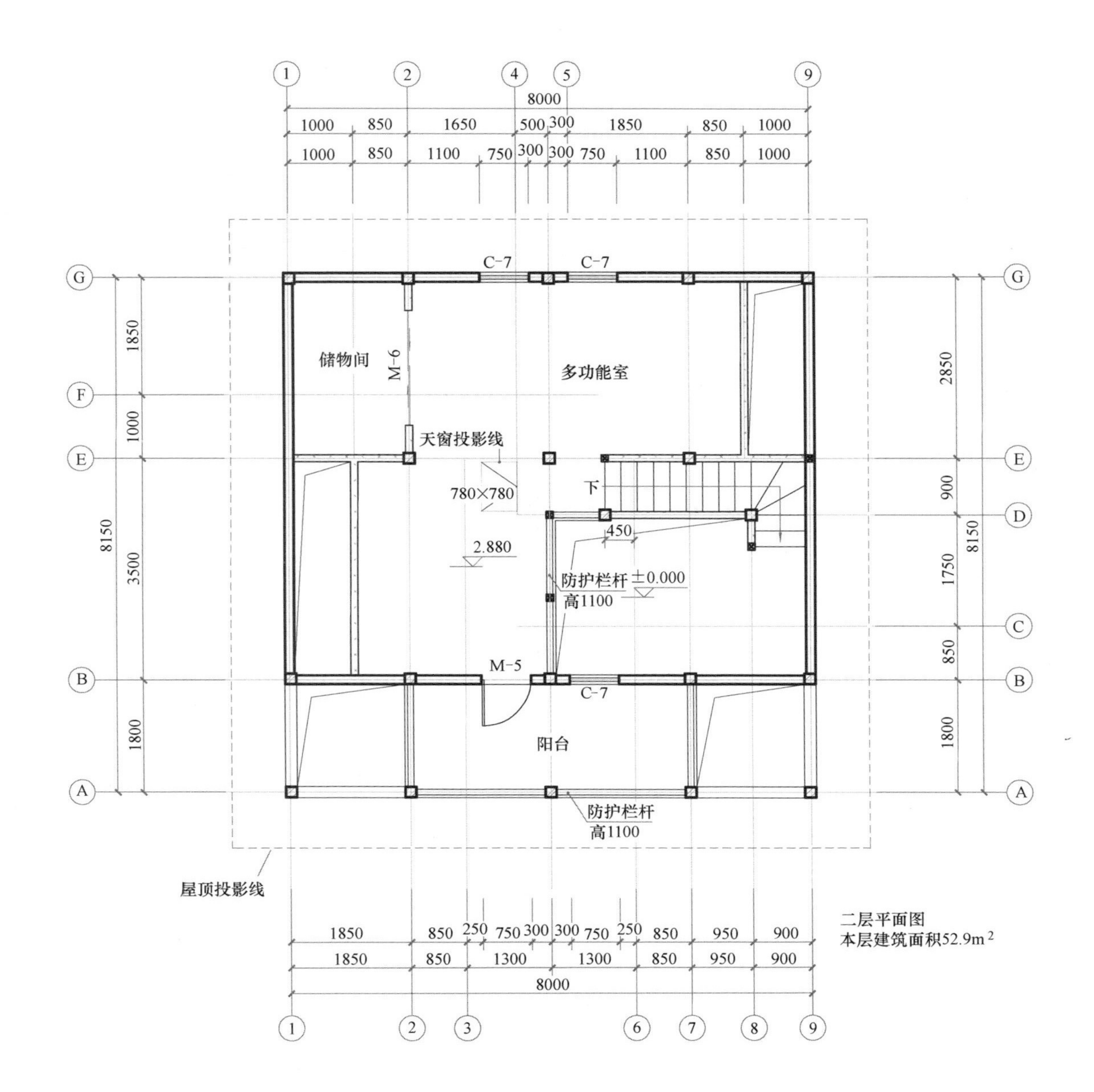

储物间
多功能室
M-6
C-7
C-7
天窗投影线
780×780
下
450
2.880
防护栏杆 ±0.000
高1100
M-5
C-7
阳台
防护栏杆
高1100
屋顶投影线
8000
1000
850
1650
500
300
1850
1100
750
1800
3500
1000
8150
2850
900
1750
850
二层平面图
本层建筑面积52.9m²

住宅 2

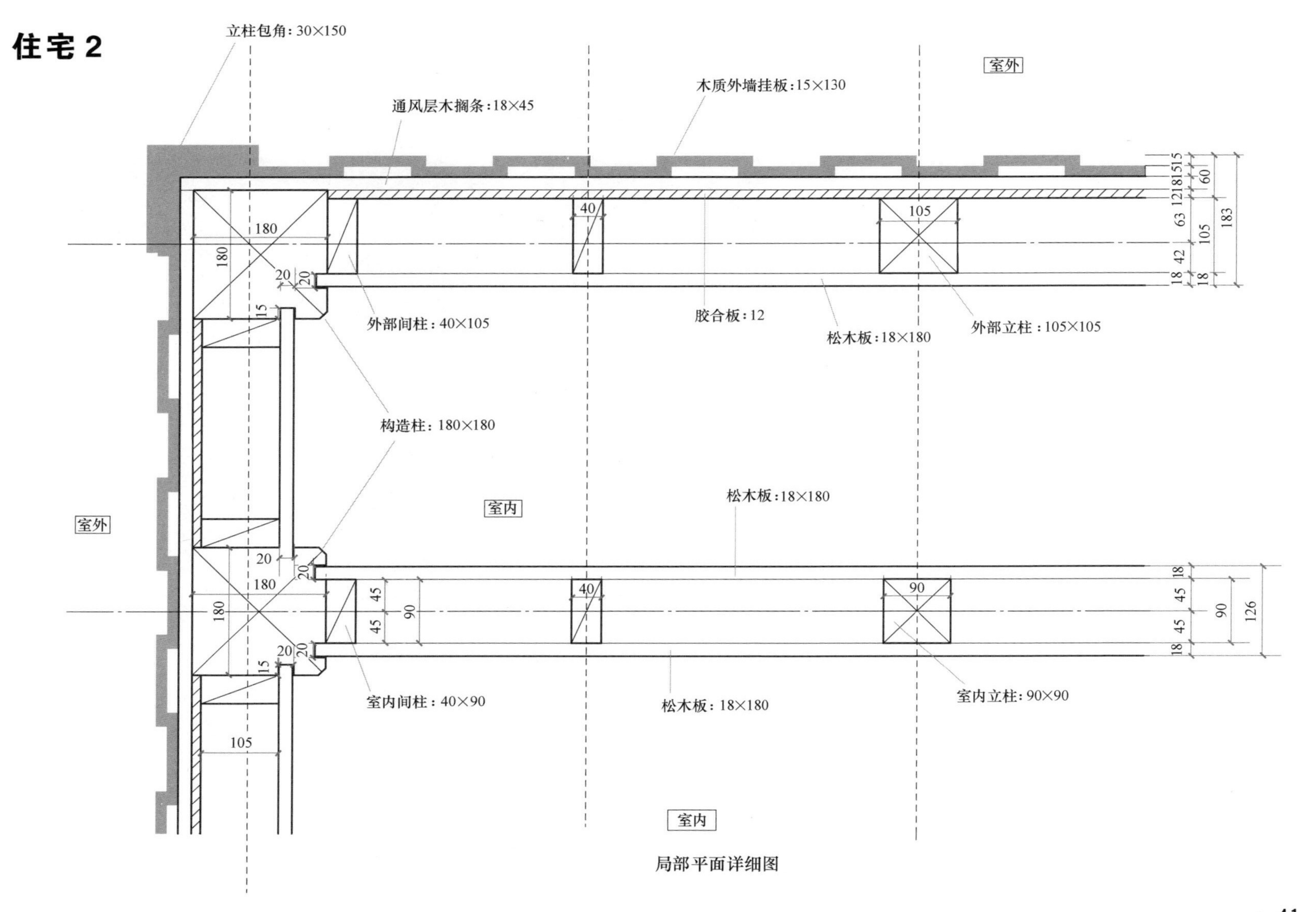
立柱包角：30×150
室外
通风层木搁条：18×45
木质外墙挂板：15×130
外部间柱：40×105
胶合板：12
松木板：18×180
外部立柱：105×105
构造柱：180×180
室内
室外
松木板：18×180
室内间柱：40×90
松木板：18×180
室内立柱：90×90
室内

局部平面详细图

住宅 2

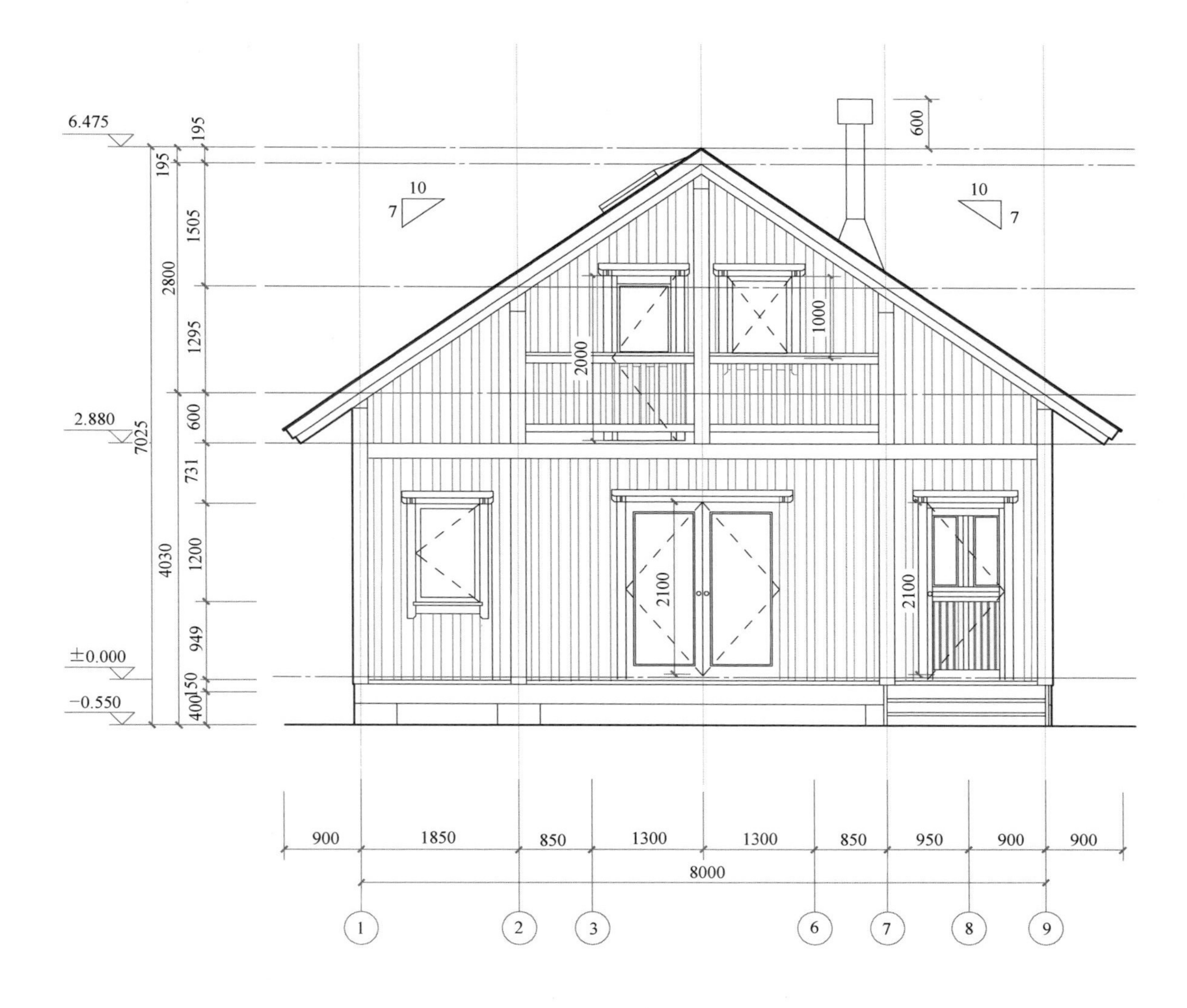

6.475
2.880
±0.000
−0.550
195
195
1505
2800
1295
7025
600
731
4030
1200
949
150
400
600
10
7
10
7
1000
2000
2100
2100
900
1850
850
1300
1300
850
950
900
900
8000
1
2
3
6
7
8
9

①～⑨ 轴立面图

住宅 2

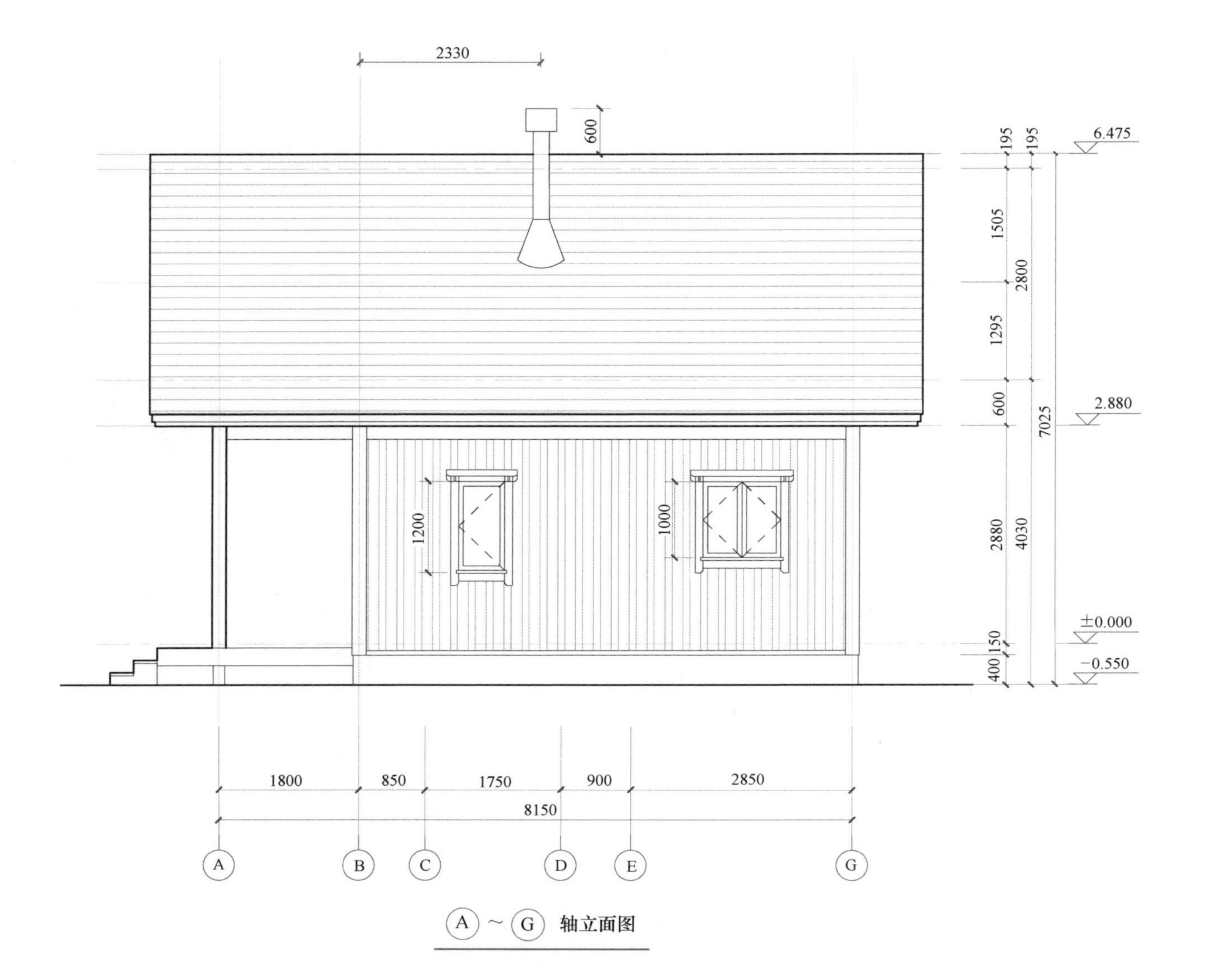
2330
600
195
195
6.475
1505
2800
1295
7025
600
2.880
1200
1000
2880
4030
±0.000
150
−0.550
400
1800
850
1750
900
2850
8150
A
B
C
D
E
G

Ⓐ～Ⓖ 轴立面图

住宅 2

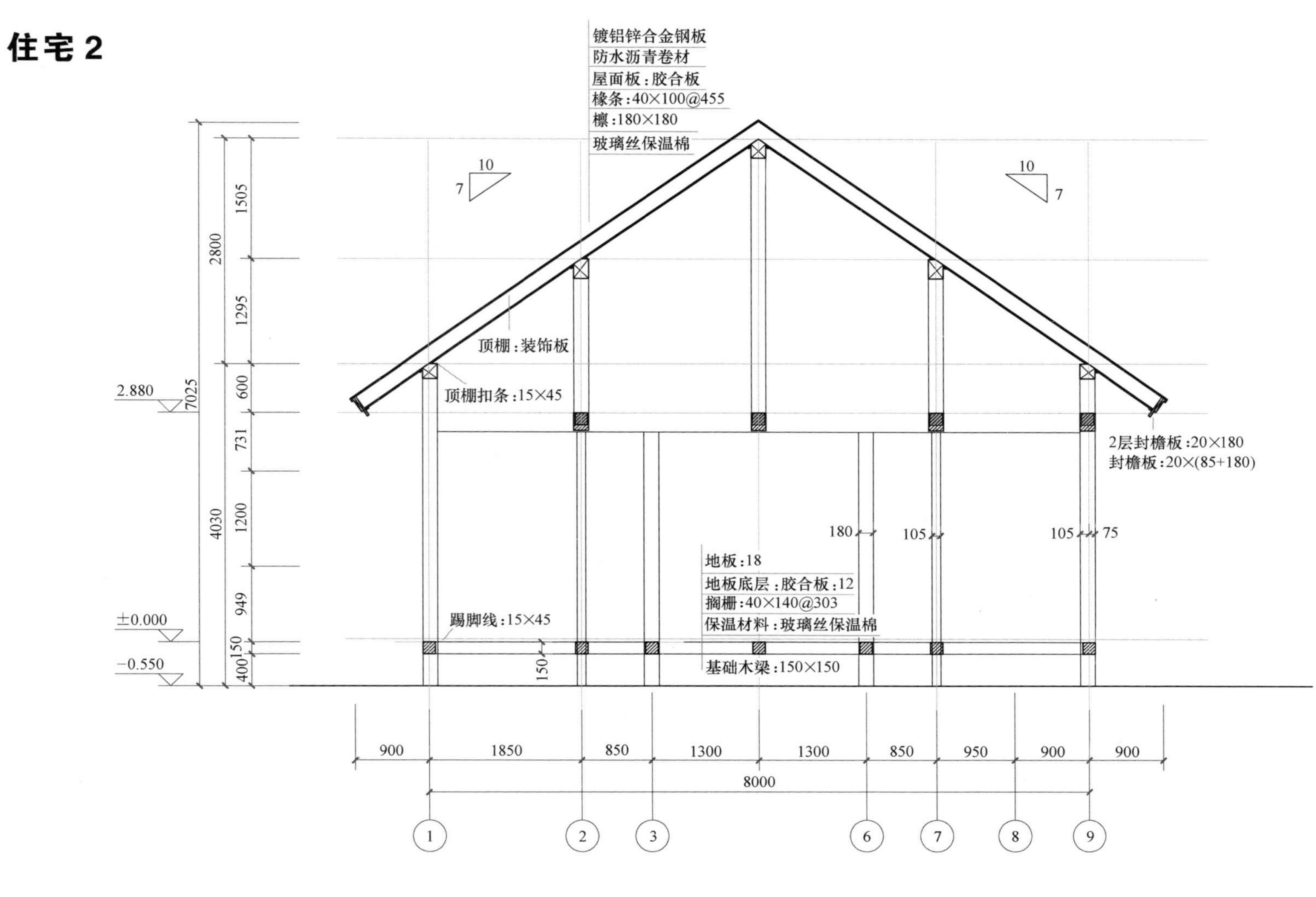

镀铝锌合金钢板
防水沥青卷材
屋面板：胶合板
椽条：40×100@455
檩：180×180
玻璃丝保温棉
顶棚：装饰板
顶棚扣条：15×45
2层封檐板：20×180
封檐板：20×(85+180)
地板：18
地板底层：胶合板：12
搁栅：40×140@303
保温材料：玻璃丝保温棉
踢脚线：15×45
基础木梁：150×150
2.880
±0.000
−0.550
7025
2800
4030
1505
1295
600
731
1200
949
150
400
180
105
105
75
900
1850
850
1300
1300
850
950
900
900
8000
1
2
3
6
7
8
9

①～⑨ 轴剖面图

住宅 3

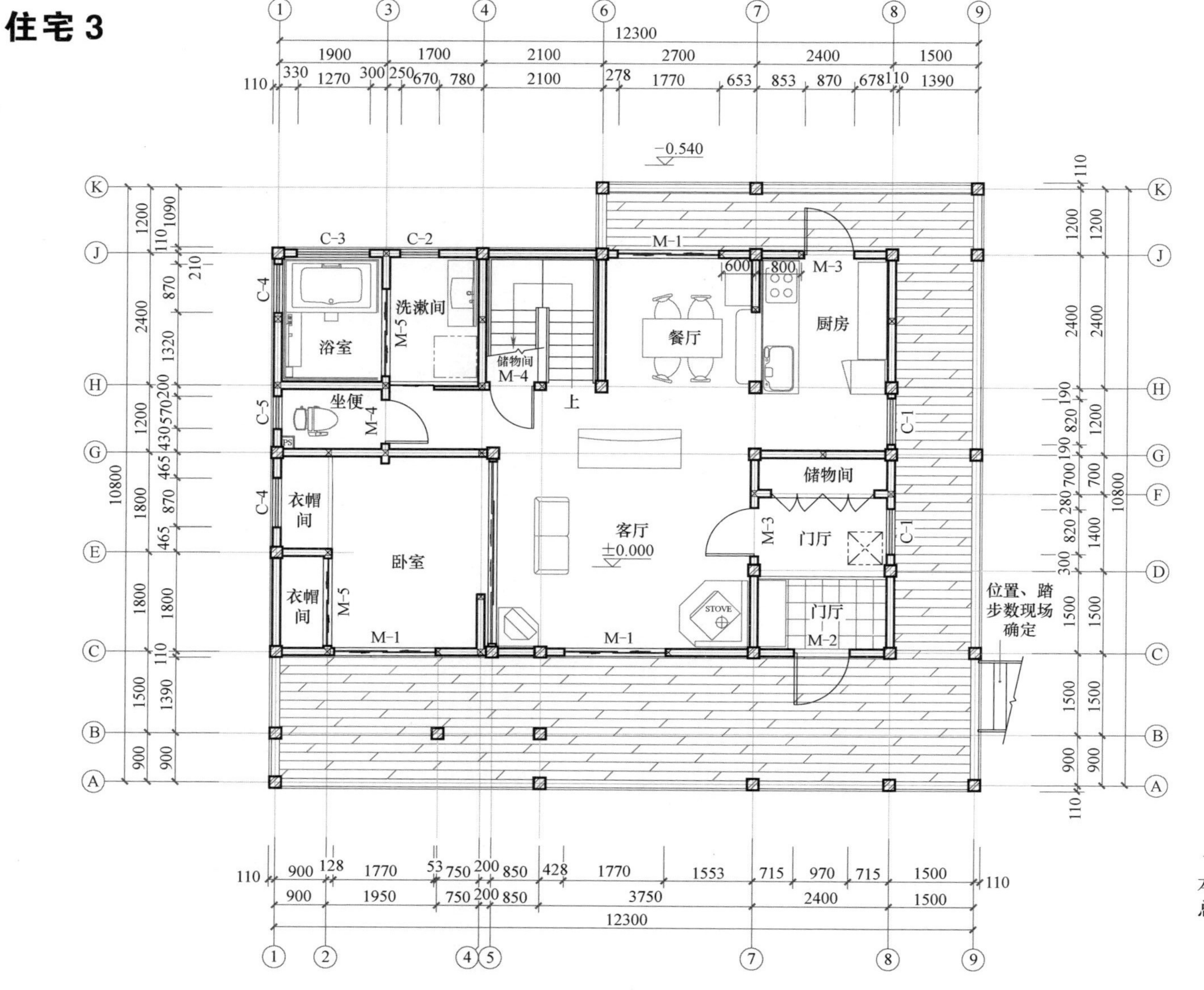

一层平面图
本层建筑面积81.8m²
总建筑面积145.7m²

住宅 3

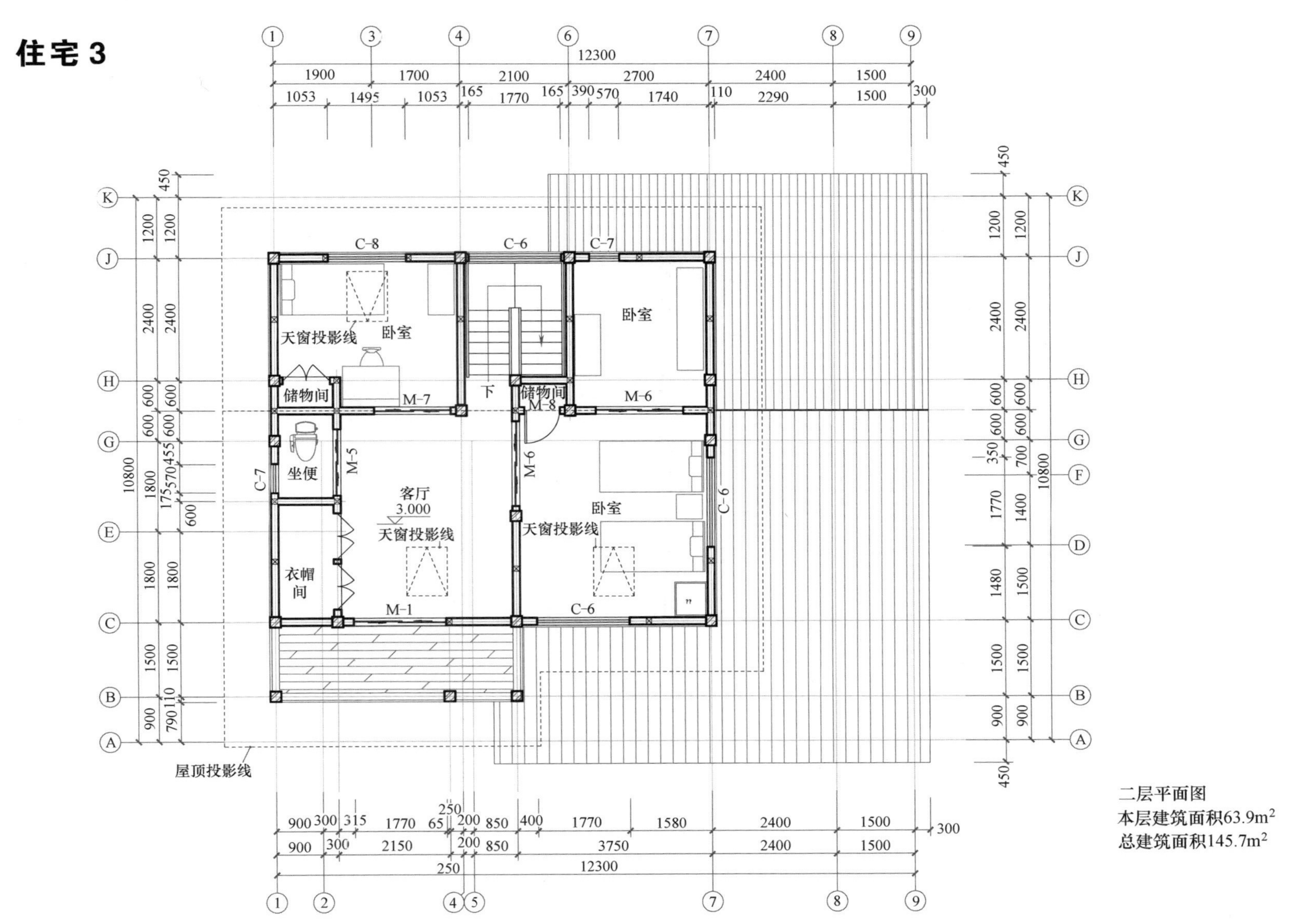

二层平面图
本层建筑面积63.9m²
总建筑面积145.7m²

住宅 3

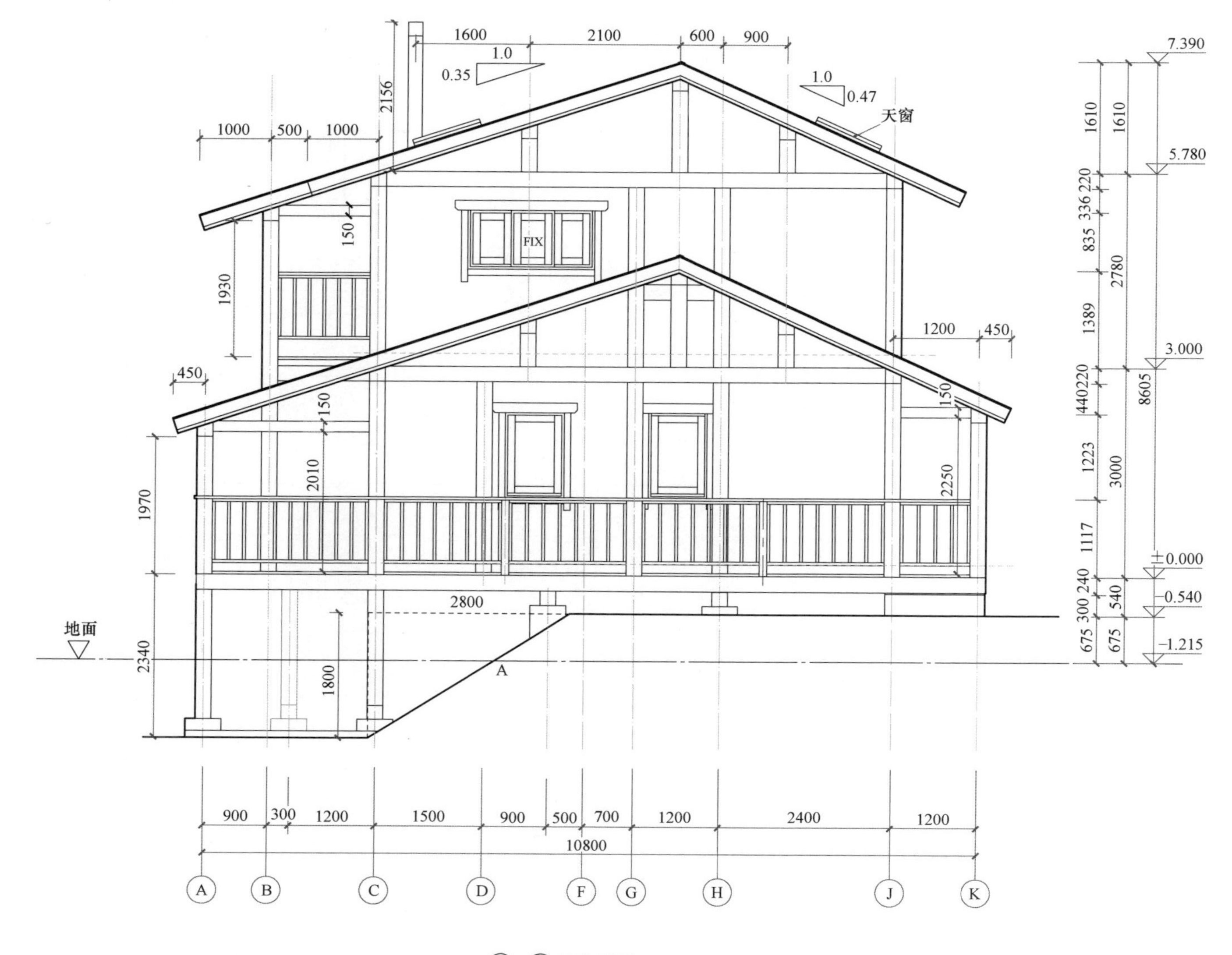

1600
2100
600
900
1.0
0.35
1.0
0.47
天窗
2156
1000
500
1000
FIX
150
1930
1200
450
150
150
2010
2250
1970
2800
地面
2340
1800
A
7.390
1610
1610
5.780
220
336
835
2780
1389
3.000
440
220
8605
1223
3000
1117
±0.000
240
540
-0.540
300
675
675
-1.215
900
300
1200
1500
900
500
700
1200
2400
1200
10800
A
B
C
D
F
G
H
J
K

Ⓐ~Ⓚ轴立面图

住宅 3

10400
1000
1200
2150
1300
450
2640
660
1000
天窗
2400
1500
300
450
FIX
1970
GL
11000
Ⓐ
1800
2340
900
1950
750
200
850
3750
2400
1500
12300
1
2
4
5
7
8
9

①～⑨轴立面图

住宅 3

10400
1000
660
2040
2100
3600
1000
7.390
5.780
3.000
±0.000
−0.540
−1.215
1610
1610
220
411
960
2780
1189
8605
220
440
1223
3000
1117
240
540
300
675
675
300
1500
1500
2400
2700
2100
1700
1900
12300
9
8
7
6
4
3
1

⑨~①轴立面图

住宅 3

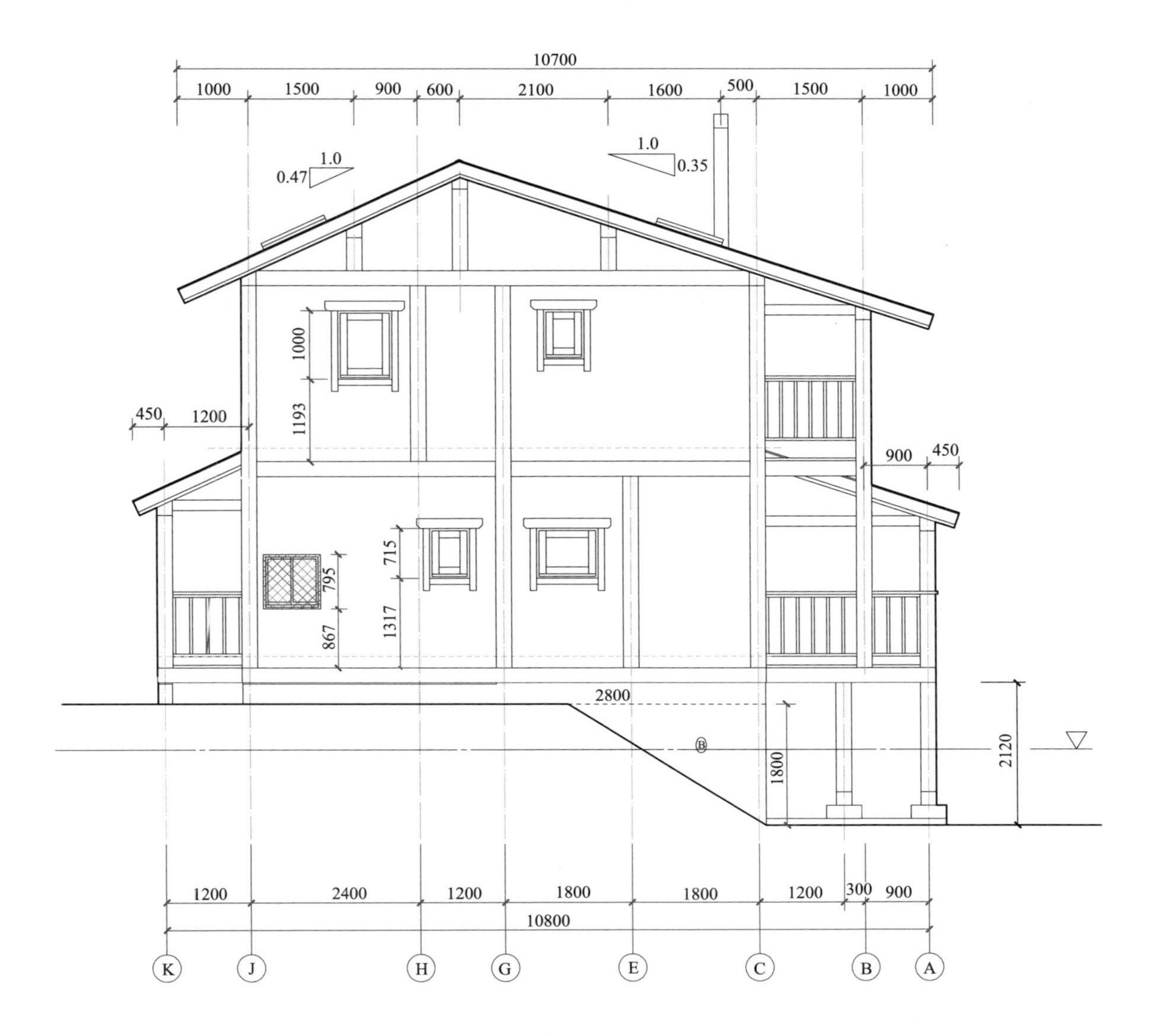

10700
1000
1500
900
600
2100
1600
500
1500
1000
1.0
0.47
1.0
0.35
1000
1193
450
1200
900
450
715
795
1317
867
2800
1800
2120
1200
2400
1200
1800
1800
1200
300
900
10800
K
J
H
G
E
C
B
A

Ⓚ～Ⓐ轴立面图

住宅 3

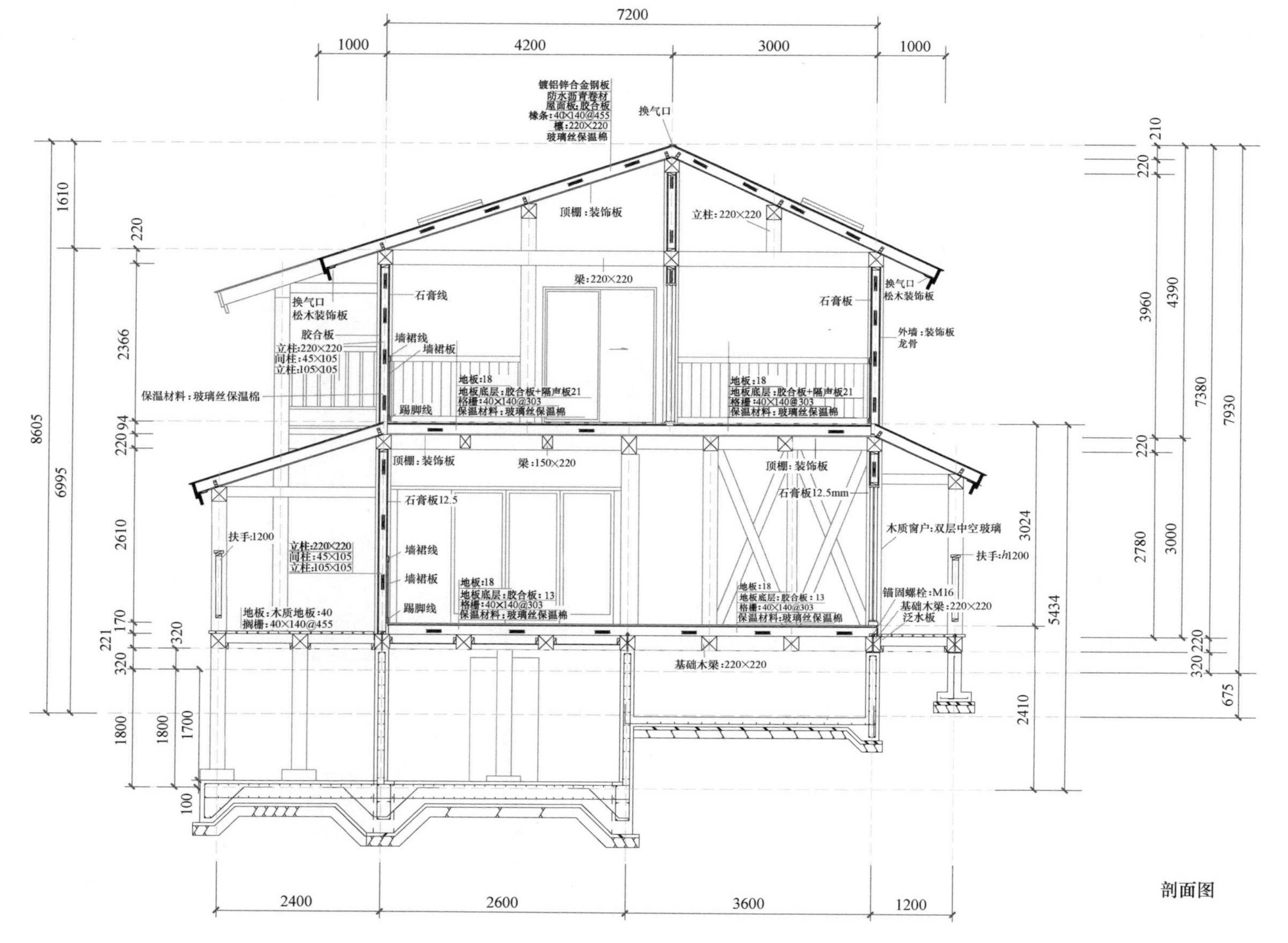
7200
1000
4200
3000
1000
镀铝锌合金钢板
防水沥青卷材
屋面板:胶合板
椽条:40×140@455
檩:220×220
玻璃丝保温棉
换气口
顶棚:装饰板
立柱:220×220
梁:220×220
石膏线
石膏板
换气口
松木装饰板
胶合板
立柱:220×220
间柱:45×105
立柱:105×105
墙裙线
墙裙板
外墙:装饰板
龙骨
地板:18
地板底层:胶合板+隔声板21
格栅:40×140@303
保温材料:玻璃丝保温棉
保温材料:玻璃丝保温棉
踢脚线
梁:150×220
石膏板12.5
石膏板12.5mm
扶手:1200
木质窗户:双层中空玻璃
扶手:h1200
地板底层:胶合板:13
锚固螺栓:M16
基础木梁:220×220
泛水板
地板:木质地板:40
搁栅:40×140@455
2400
2600
3600
1200

剖面图

大民宿

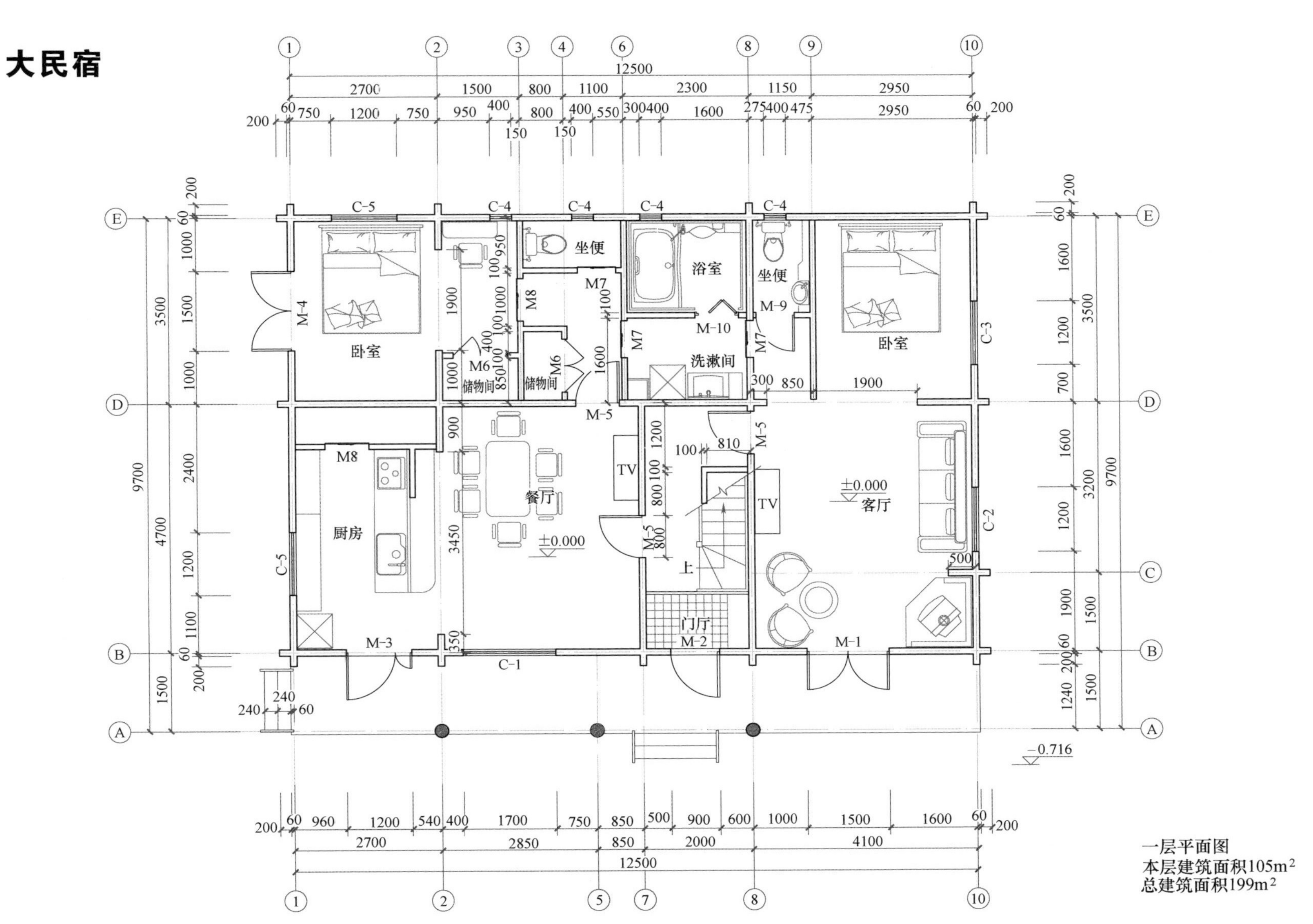

一层平面图
本层建筑面积105m²
总建筑面积199m²

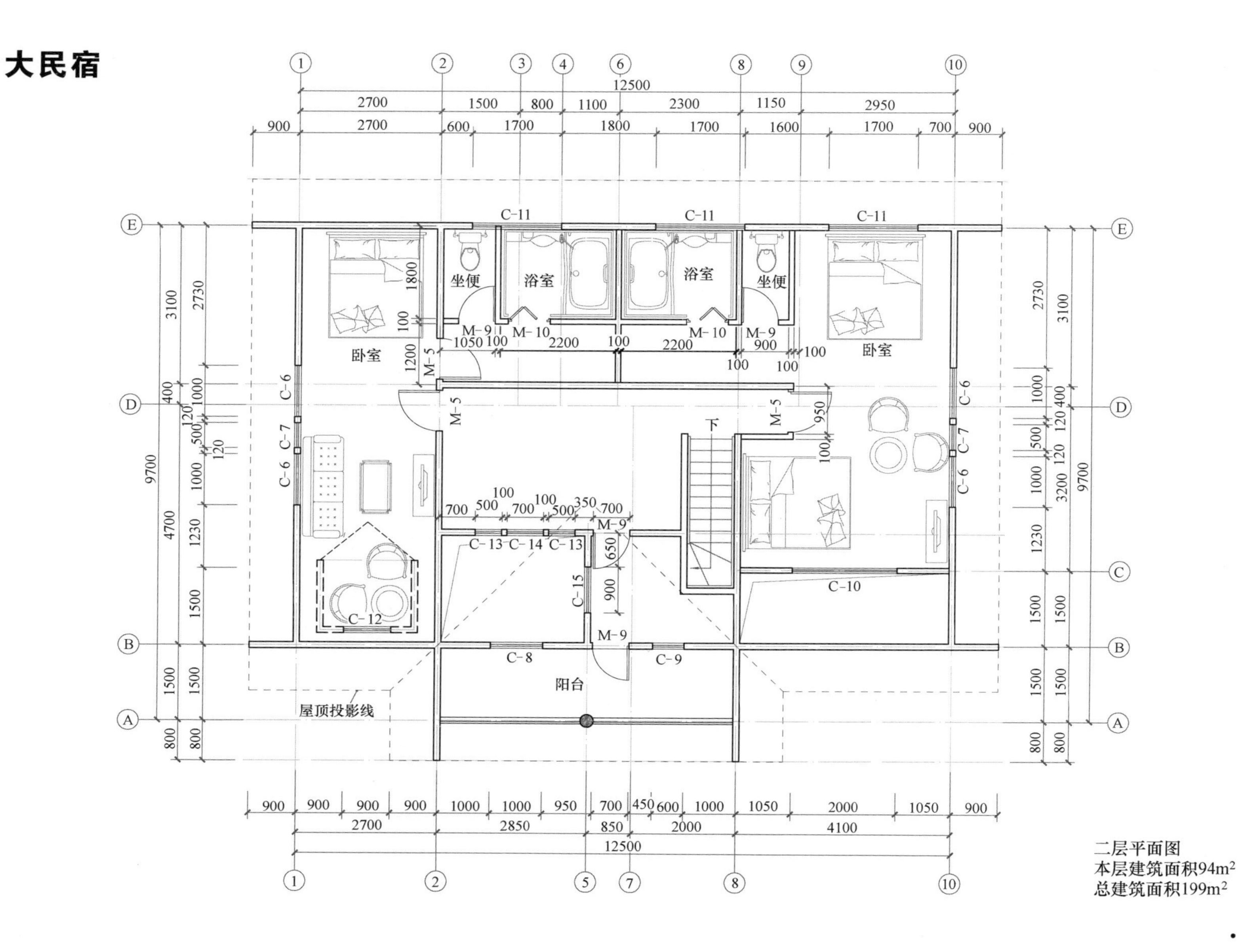

二层平面图
本层建筑面积94m²
总建筑面积199m²

12500
450
450
4100
5700
2700
450
450
7.148
818
818
6.330
1830
3630
1800
2.700
700
2700
2000
±0.000
540
716
-0.716
176
2950
1150
2300
1100
800
1500
2700
12500
10
9
8
6
4
3
2
1

⑩～①轴立面图

大民宿

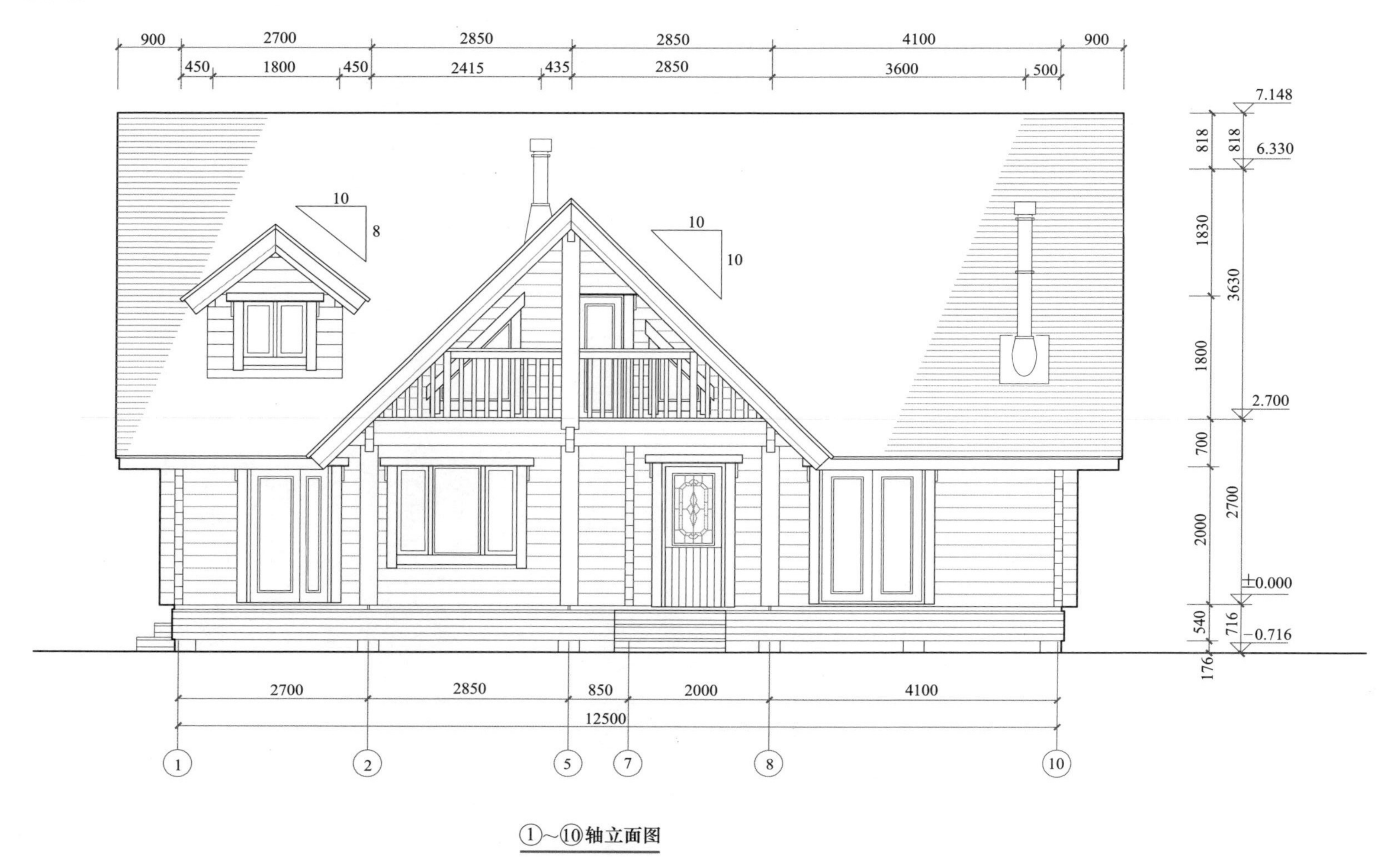

900
2700
2850
2850
4100
900
450
1800
450
2415
435
2850
3600
500
7.148
818
818
6.330
10
8
10
10
1830
3630
1800
2.700
700
2700
2000
±0.000
540
716
−0.716
176
2700
2850
850
2000
4100
12500
1
2
5
7
8
10

①~⑩轴立面图

大民宿

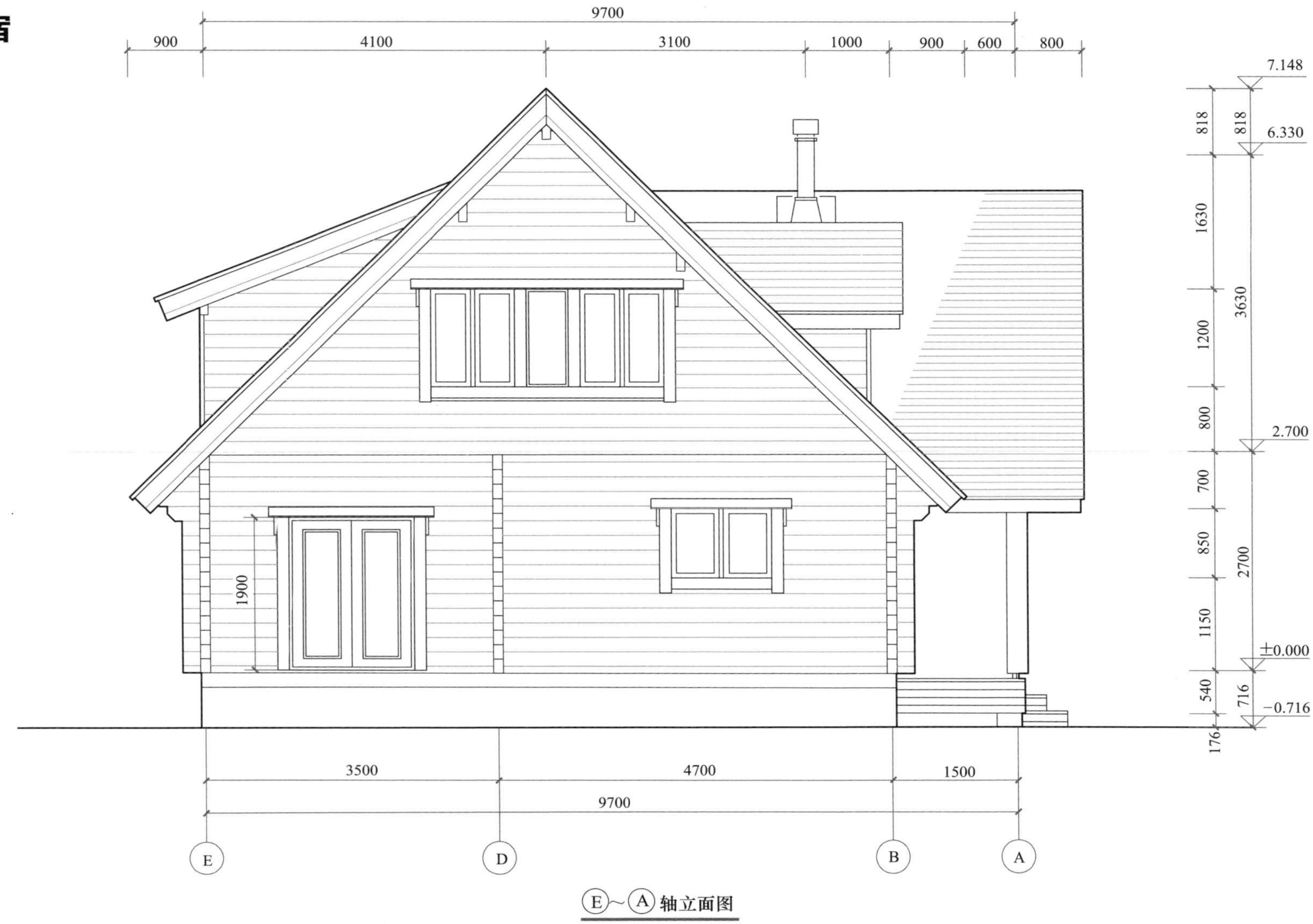
9700
900
4100
3100
1000
900
600
800
7.148
818
818
6.330
1630
3630
1200
800
2.700
700
850
2700
1900
1150
±0.000
540
716
−0.716
176
3500
4700
1500
9700
E
D
B
A

Ⓔ~Ⓐ轴立面图

大民宿

9700
800
600
900
510
490
2100
1000
1000
3100
600
300
10
10
10
4
7.148
6.330
2.700
±0.000
−0.716
818
818
1630
1200
800
3630
700
1500
2700
500
540
716
176
1500
1500
3200
3500
9700
A
B
C
D
E

Ⓐ～Ⓔ轴立面图

大民宿

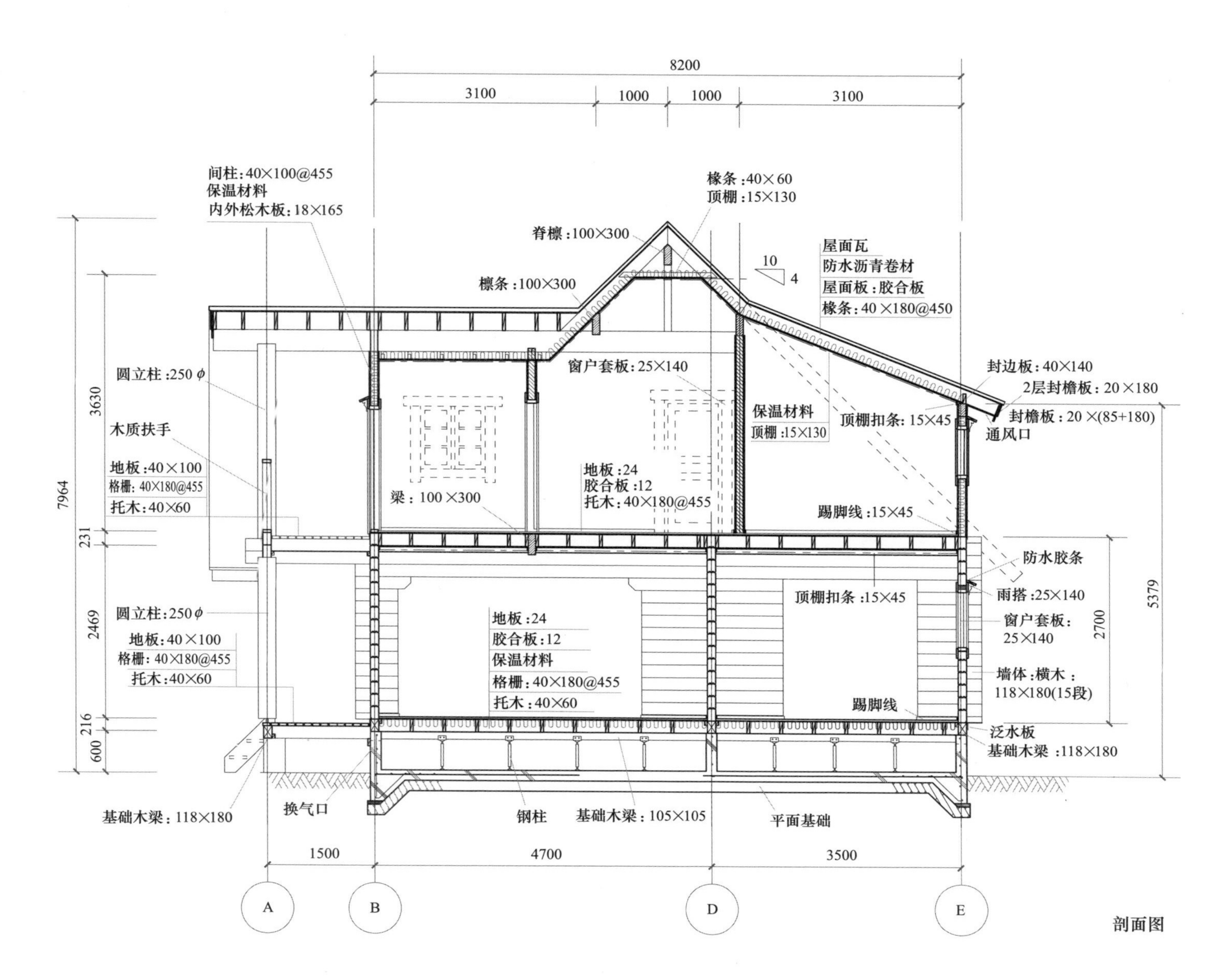

8200
3100
1000
1000
3100
间柱:40×100@455
保温材料
内外松木板:18×165
椽条:40×60
顶棚:15×130
脊檩:100×300
檩条:100×300
屋面瓦
防水沥青卷材
屋面板:胶合板
椽条:40×180@450
10
4
圆立柱:250 φ
窗户套板:25×140
封边板:40×140
2层封檐板:20×180
封檐板:20×(85+180)
通风口
保温材料
顶棚:15×130
顶棚扣条:15×45
木质扶手
地板:40×100
格栅:40×180@455
托木:40×60
地板:24
胶合板:12
托木:40×180@455
梁:100×300
踢脚线:15×45
防水胶条
雨搭:25×140
顶棚扣条:15×45
窗户套板:
25×140
圆立柱:250 φ
地板:40×100
格栅:40×180@455
托木:40×60
地板:24
胶合板:12
保温材料
格栅:40×180@455
托木:40×60
墙体:横木:
118×180(15段)
踢脚线
泛水板
基础木梁:118×180
7964
3630
231
2469
216
600
5379
2700
基础木梁:118×180
换气口
钢柱
基础木梁:105×105
平面基础
1500
4700
3500
A
B
D
E

剖面图

小民宿 1

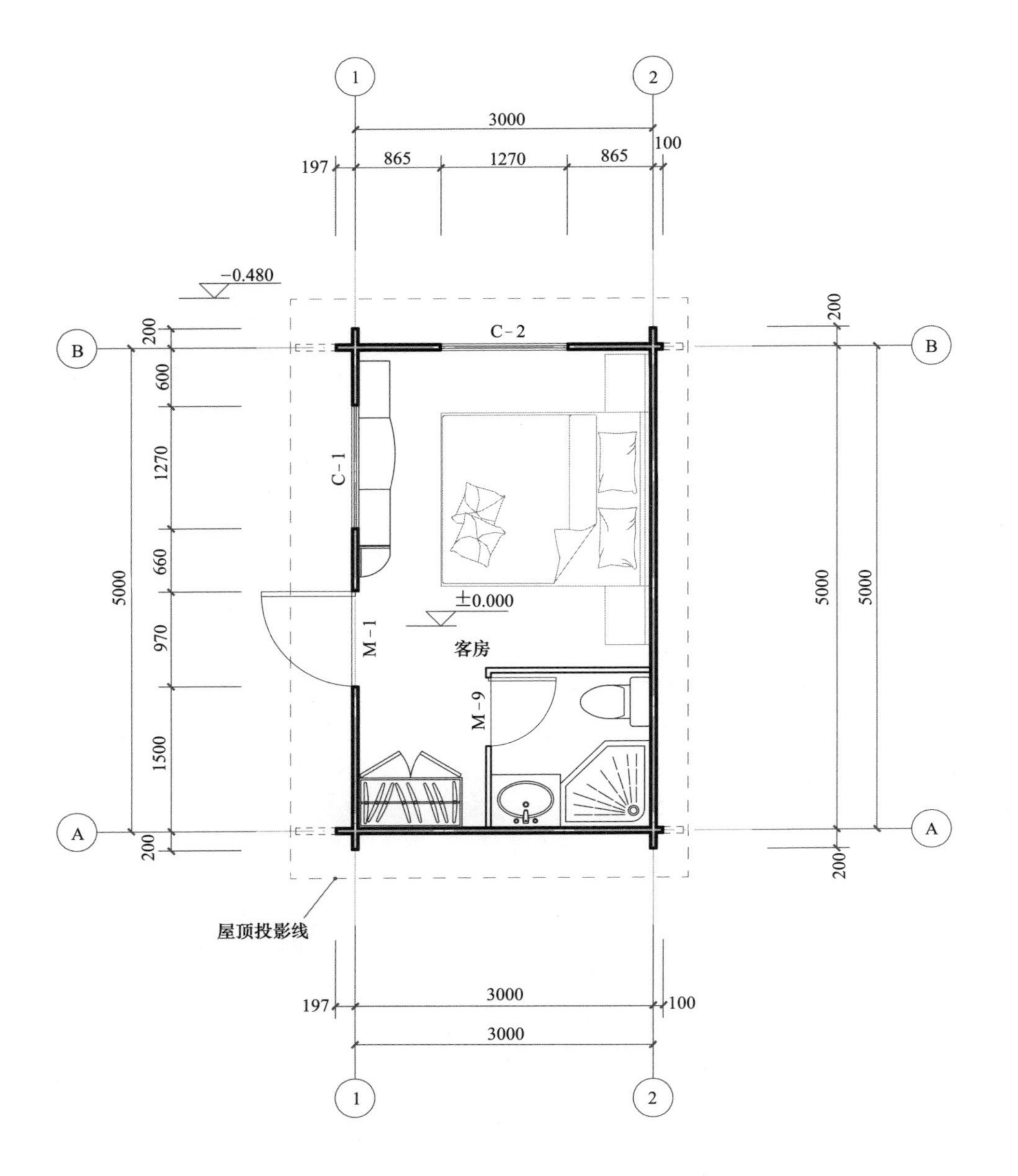

一层平面图
建筑面积16m²

小民宿 1

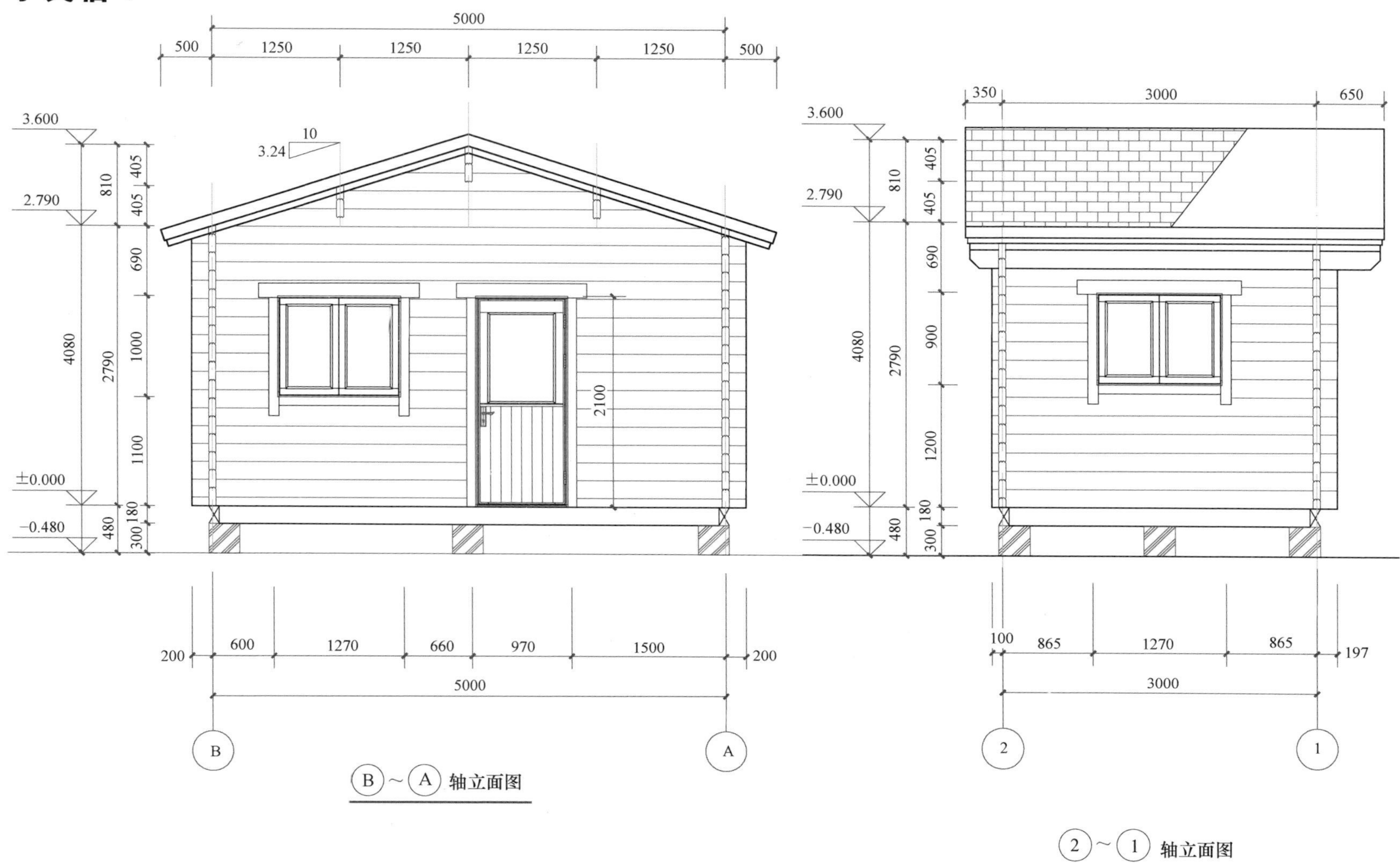

Ⓑ～Ⓐ轴立面图

②～①轴立面图

小民宿 1

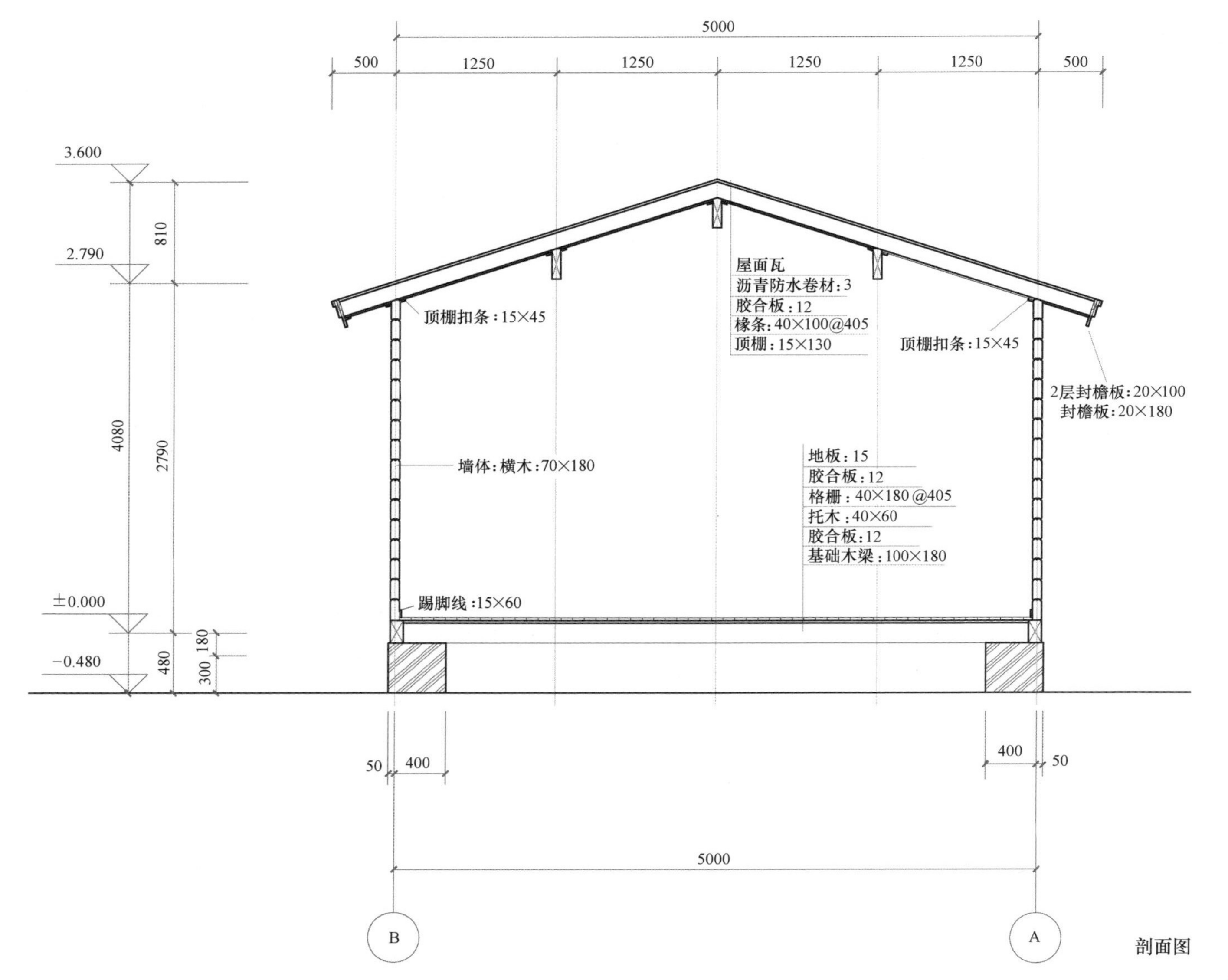

5000
500
1250
1250
1250
1250
500
3.600
810
2.790
4080
2790
±0.000
480
180
300
−0.480
屋面瓦
沥青防水卷材:3
胶合板:12
椽条:40×100@405
顶棚:15×130
顶棚扣条:15×45
顶棚扣条:15×45
2层封檐板:20×100
封檐板:20×180
墙体:横木:70×180
地板:15
胶合板:12
格栅:40×180@405
托木:40×60
胶合板:12
基础木梁:100×180
踢脚线:15×60
50
400
400
50
5000
B
A

剖面图

小民宿 2

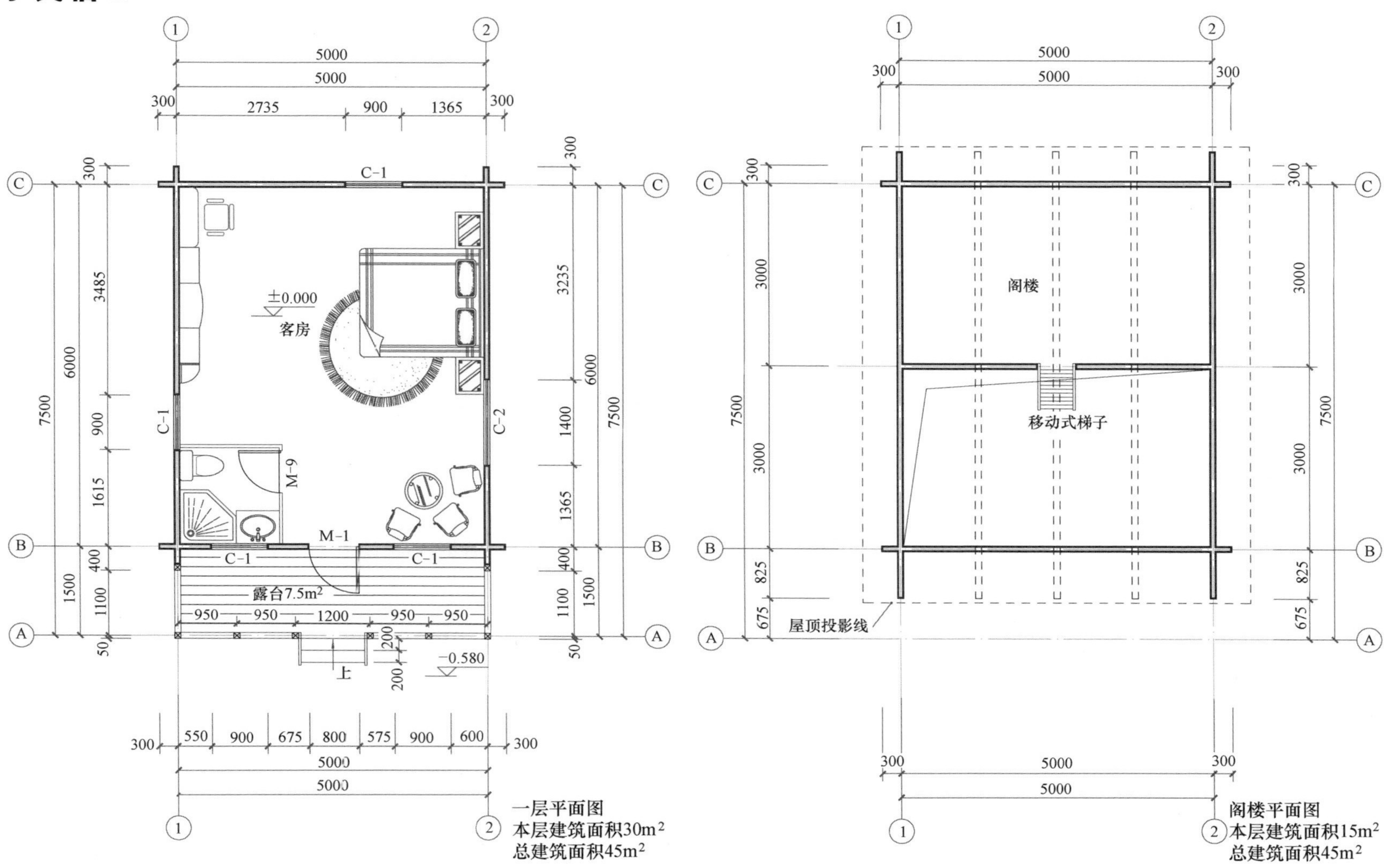

一层平面图
本层建筑面积30m²
总建筑面积45m²

阁楼平面图
本层建筑面积15m²
总建筑面积45m²

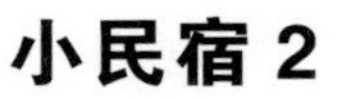

小民宿 2

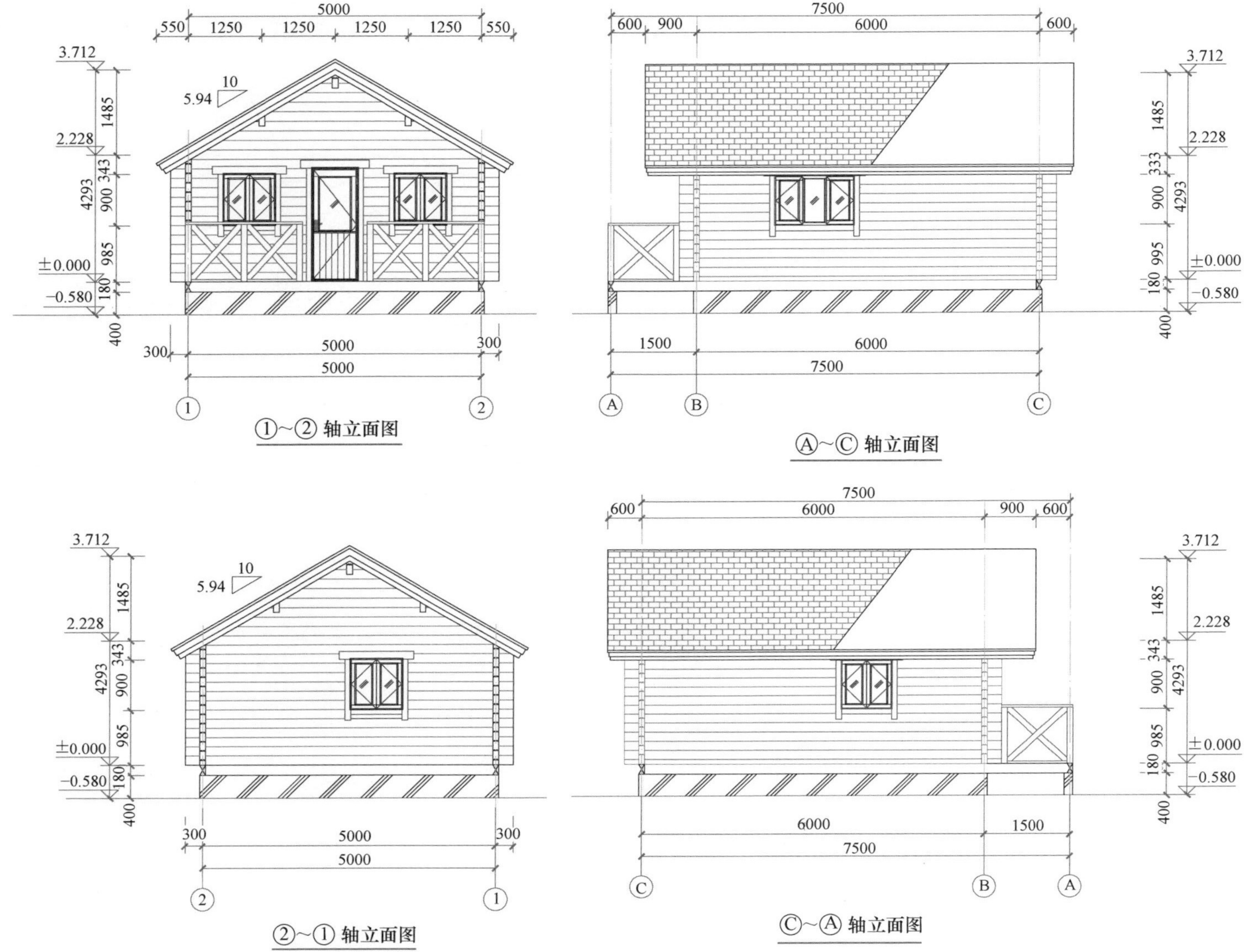

①~② 轴立面图

Ⓐ~Ⓒ 轴立面图

②~① 轴立面图

Ⓒ~Ⓐ 轴立面图

小民宿 2

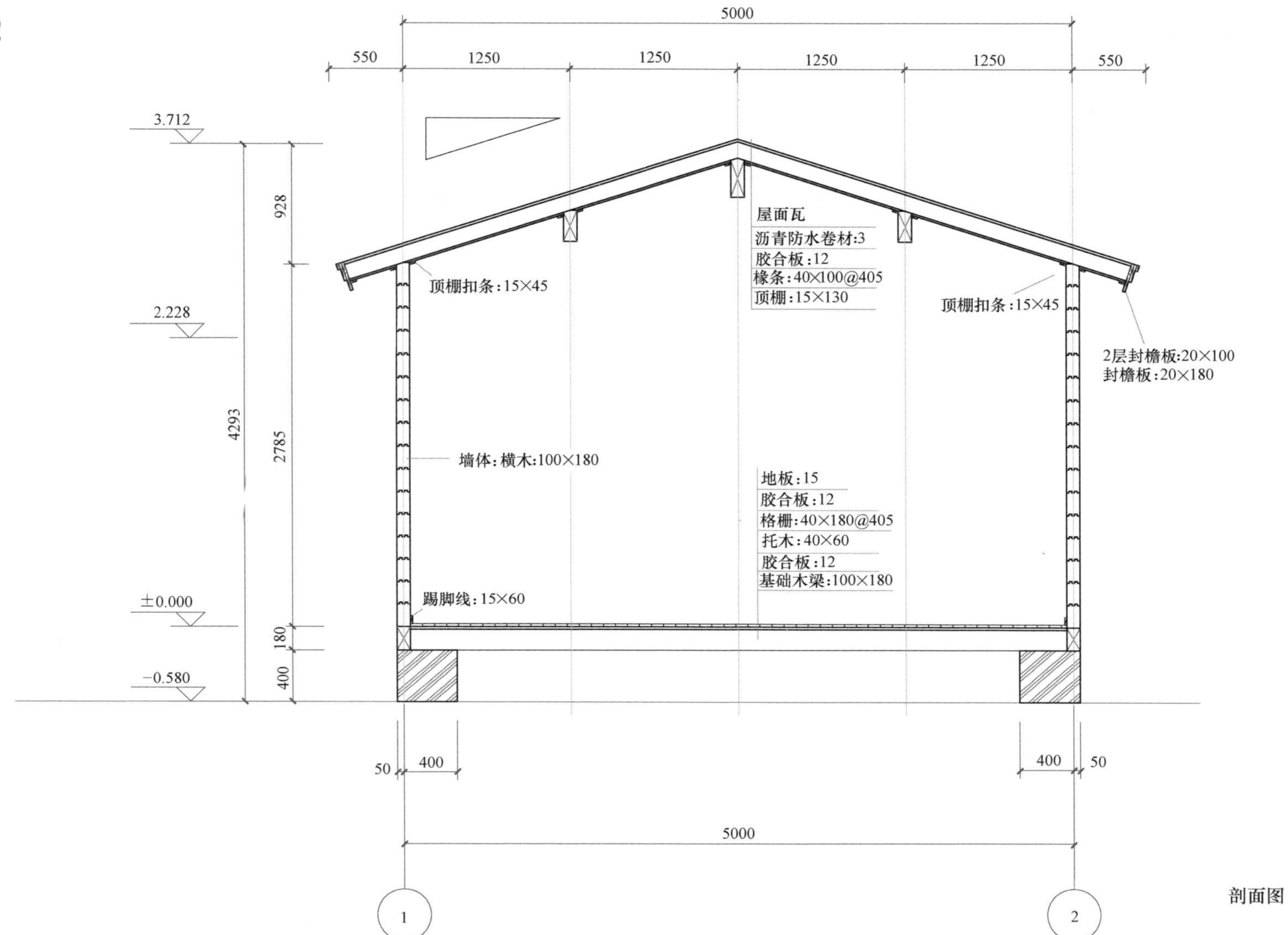
5000
550
1250
1250
1250
1250
550
3.712
2.228
±0.000
−0.580
928
2785
4293
180
400
屋面瓦
沥青防水卷材:3
胶合板:12
椽条:40×100@405
顶棚:15×130
顶棚扣条:15×45
顶棚扣条:15×45
2层封檐板:20×100
封檐板:20×180
墙体:横木:100×180
地板:15
胶合板:12
格栅:40×180@405
托木:40×60
胶合板:12
基础木梁:100×180
踢脚线:15×60
50
400
400
50
5000
1
2
剖面图

农村服务中心

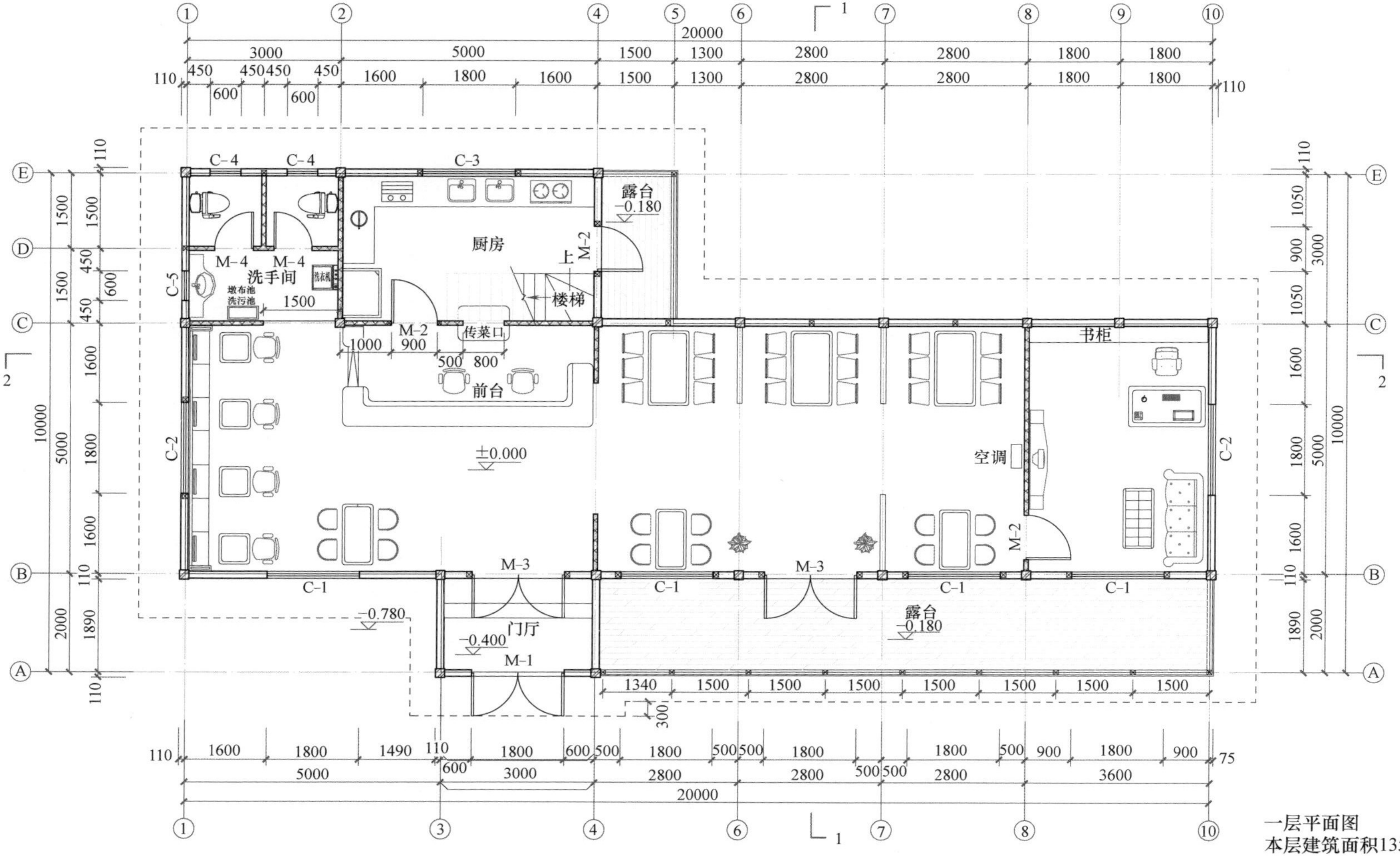

一层平面图
本层建筑面积135m²
总建筑面积177m²

农村服务中心

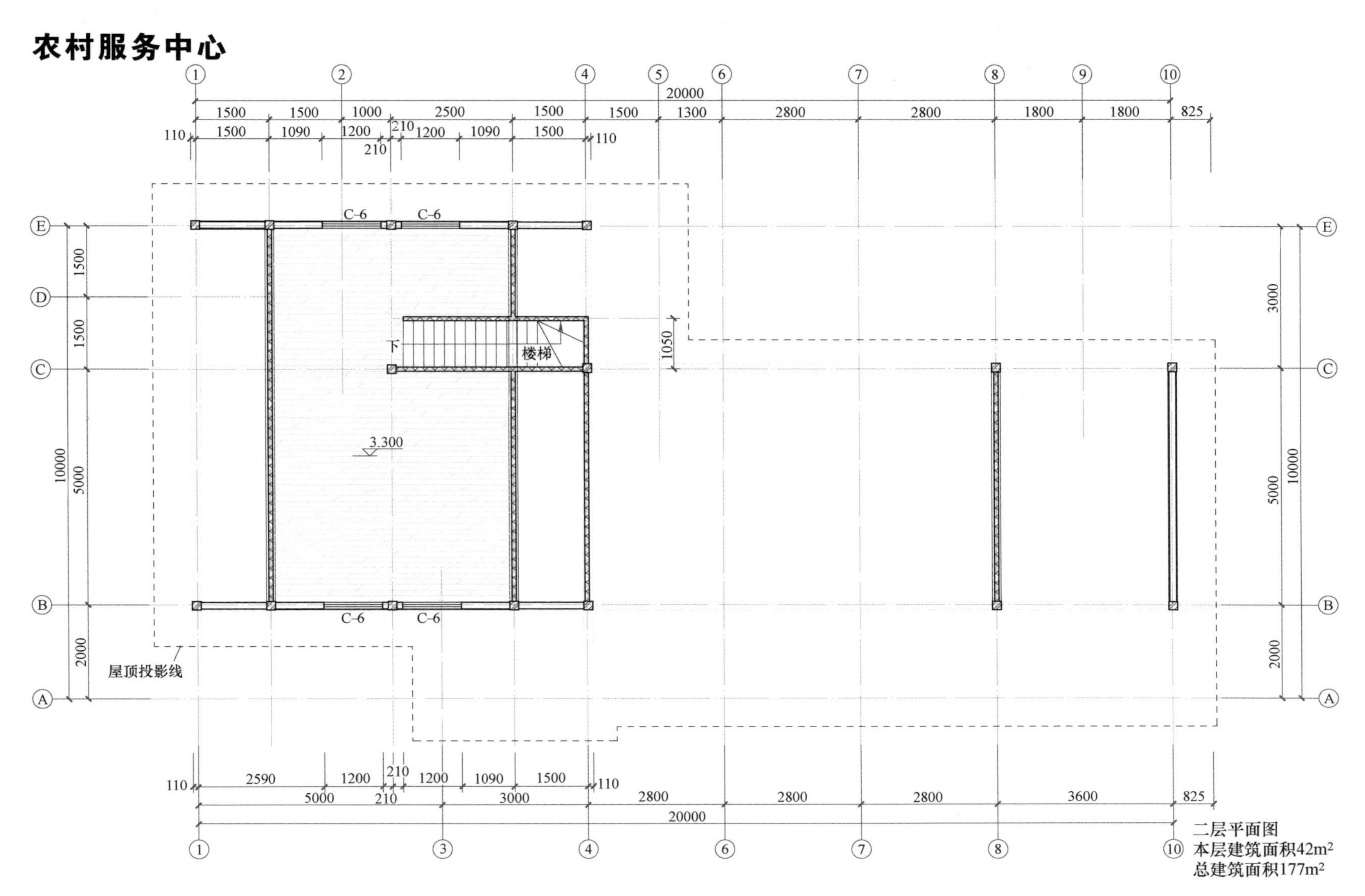

二层平面图
本层建筑面积42m²
总建筑面积177m²

农村服务中心

①～⑩ 轴立面图

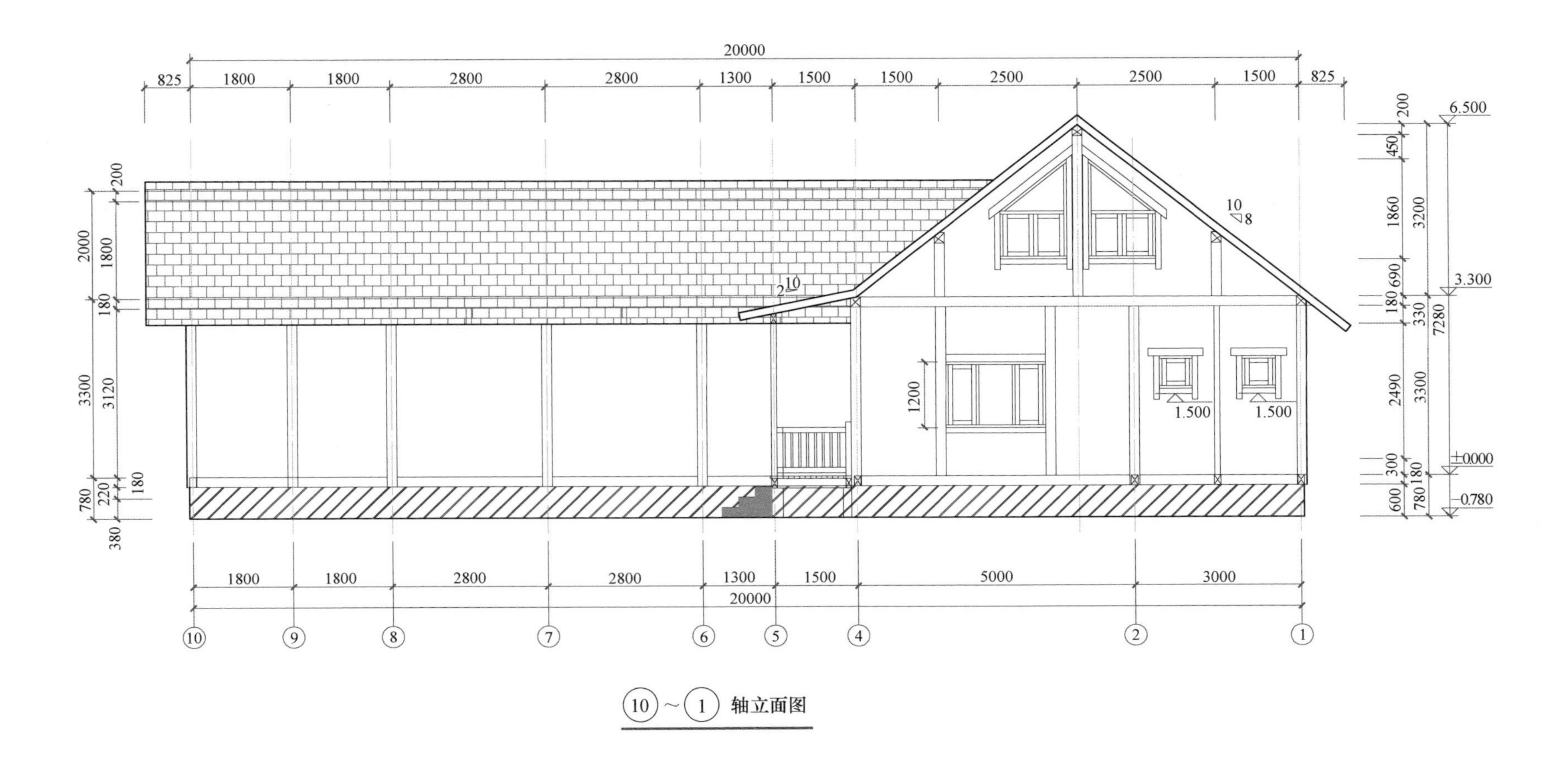
20000
825
1800
1800
2800
2800
1300
1500
1500
2500
2500
1500
825
200
2000
1800
180
3300
3120
180
780
220
180
380
10
8
2
10
1200
1.500
1.500
6.500
3.300
±0.000
-0.780
200
450
1860
3200
690
180
330
7280
2490
3300
300
180
600
780
1800
1800
2800
2800
1300
1500
5000
3000
20000
10
9
8
7
6
5
4
2
1

(10)～(1) 轴立面图

农村服务中心

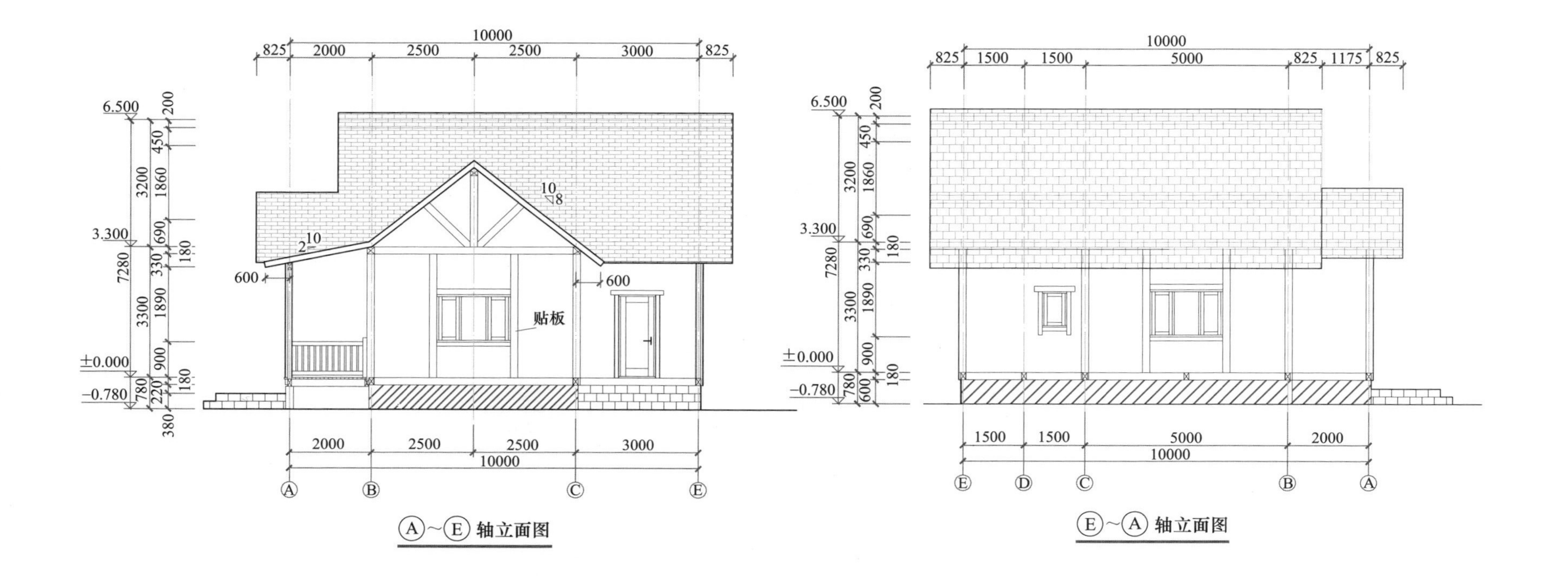

Ⓐ~Ⓔ轴立面图

Ⓔ~Ⓐ轴立面图

农村服务中心

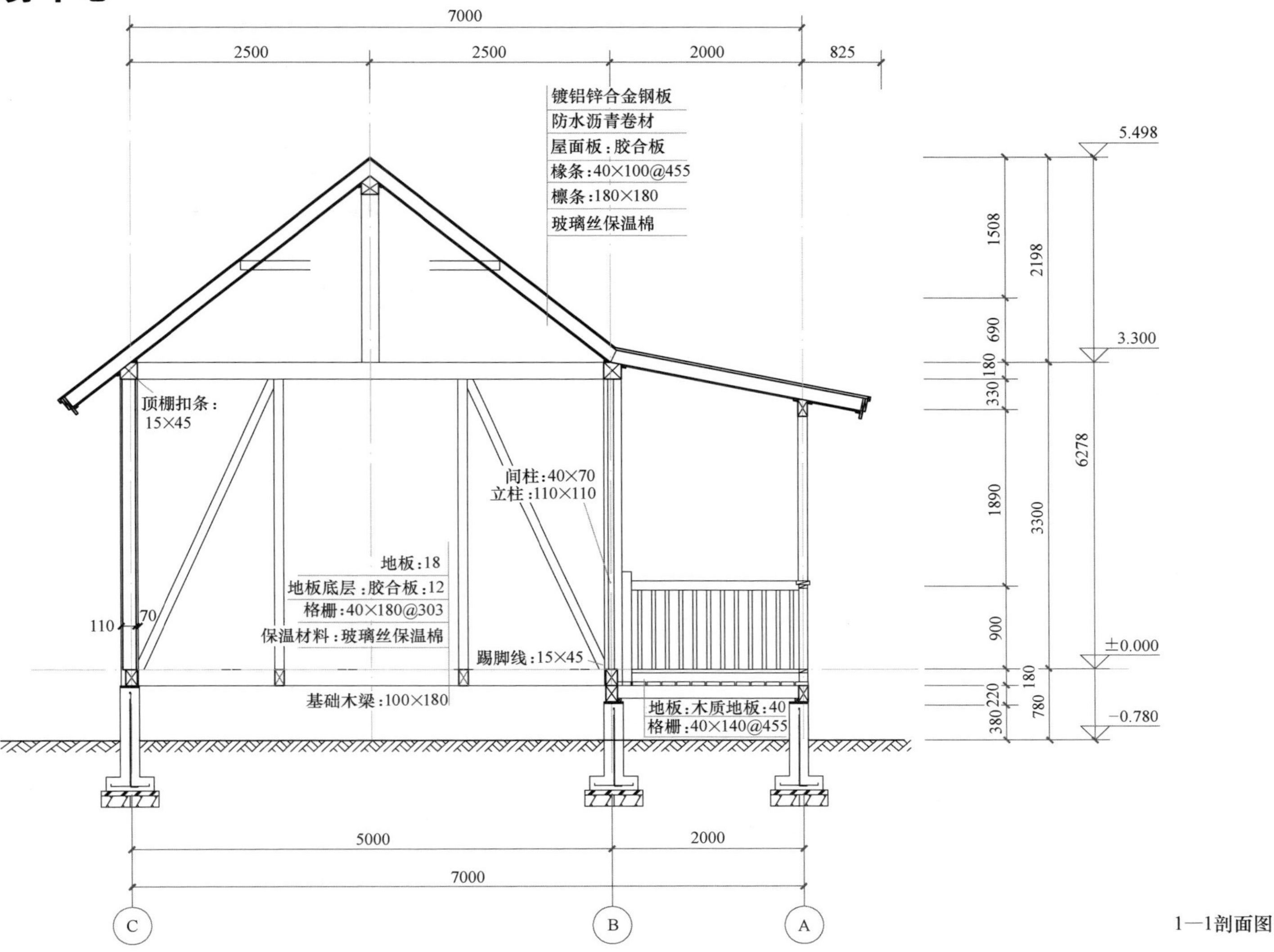

7000
2500
2500
2000
825
镀铝锌合金钢板
防水沥青卷材
屋面板：胶合板
椽条：40×100@455
檩条：180×180
玻璃丝保温棉
5.498
1508
2198
690
3.300
180
330
6278
1890
3300
900
±0.000
180
220
780
380
−0.780
顶棚扣条：
15×45
间柱：40×70
立柱：110×110
地板：18
地板底层：胶合板：12
格栅：40×180@303
保温材料：玻璃丝保温棉
踢脚线：15×45
110
70
基础木梁：100×180
地板：木质地板：40
格栅：40×140@455
5000
2000
7000
C
B
A

1—1剖面图

农村服务中心

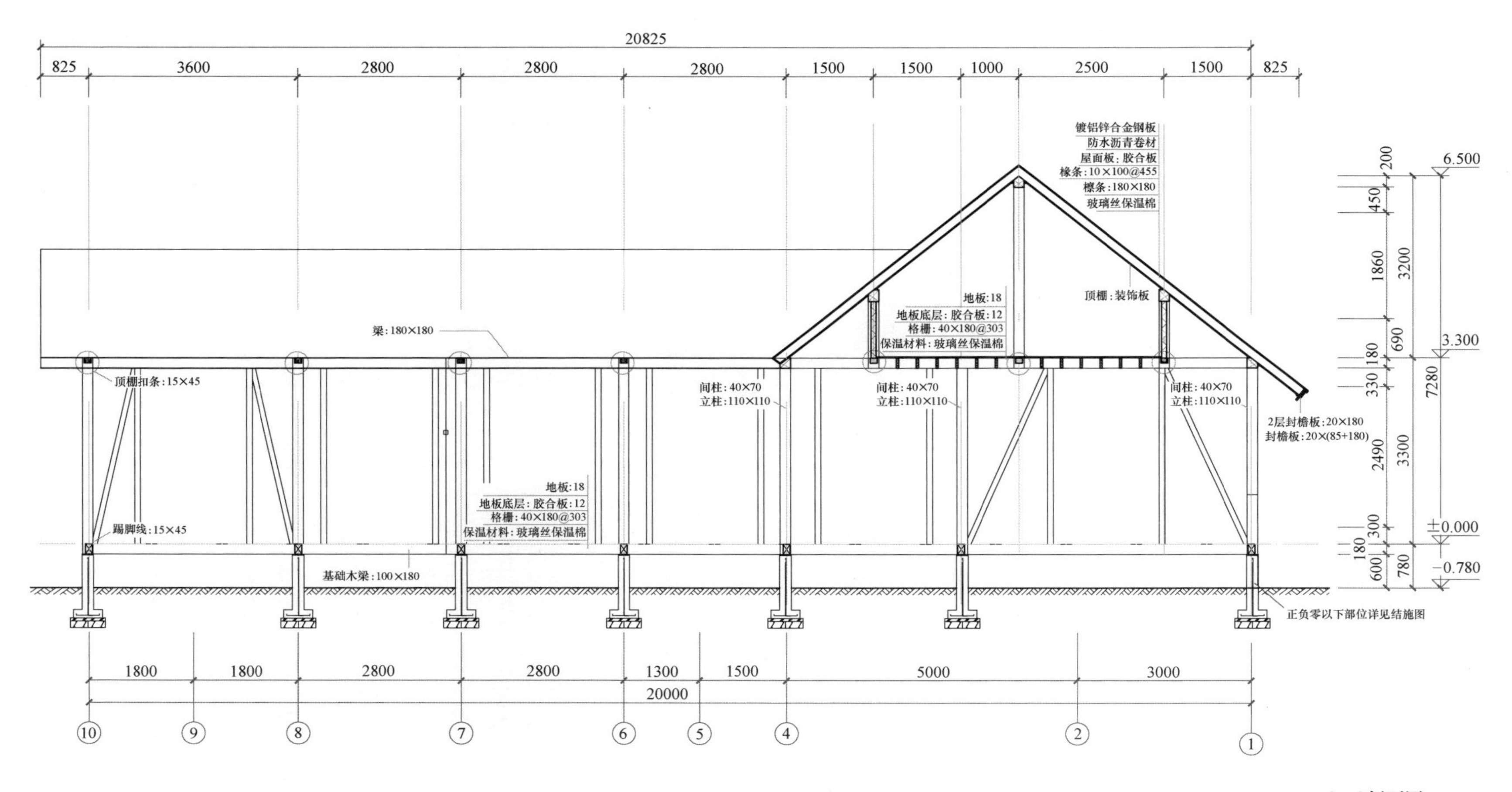

20825
825
3600
2800
2800
2800
1500
1500
1000
2500
1500
825
镀铝锌合金钢板
防水沥青卷材
屋面板：胶合板
椽条：10×100@455
檩条：180×180
玻璃丝保温棉
6.500
3.300
±0.000
−0.780
地板：18
地板底层：胶合板：12
格栅：40×180@303
保温材料：玻璃丝保温棉
顶棚：装饰板
梁：180×180
顶棚扣条：15×45
间柱：40×70
立柱：110×110
2层封檐板：20×180
封檐板：20×(85+180)
踢脚线：15×45
基础木梁：100×180
正负零以下部位详见结施图
1800
1800
2800
2800
1300
1500
5000
3000
20000

2—2剖面图

村委会办事处

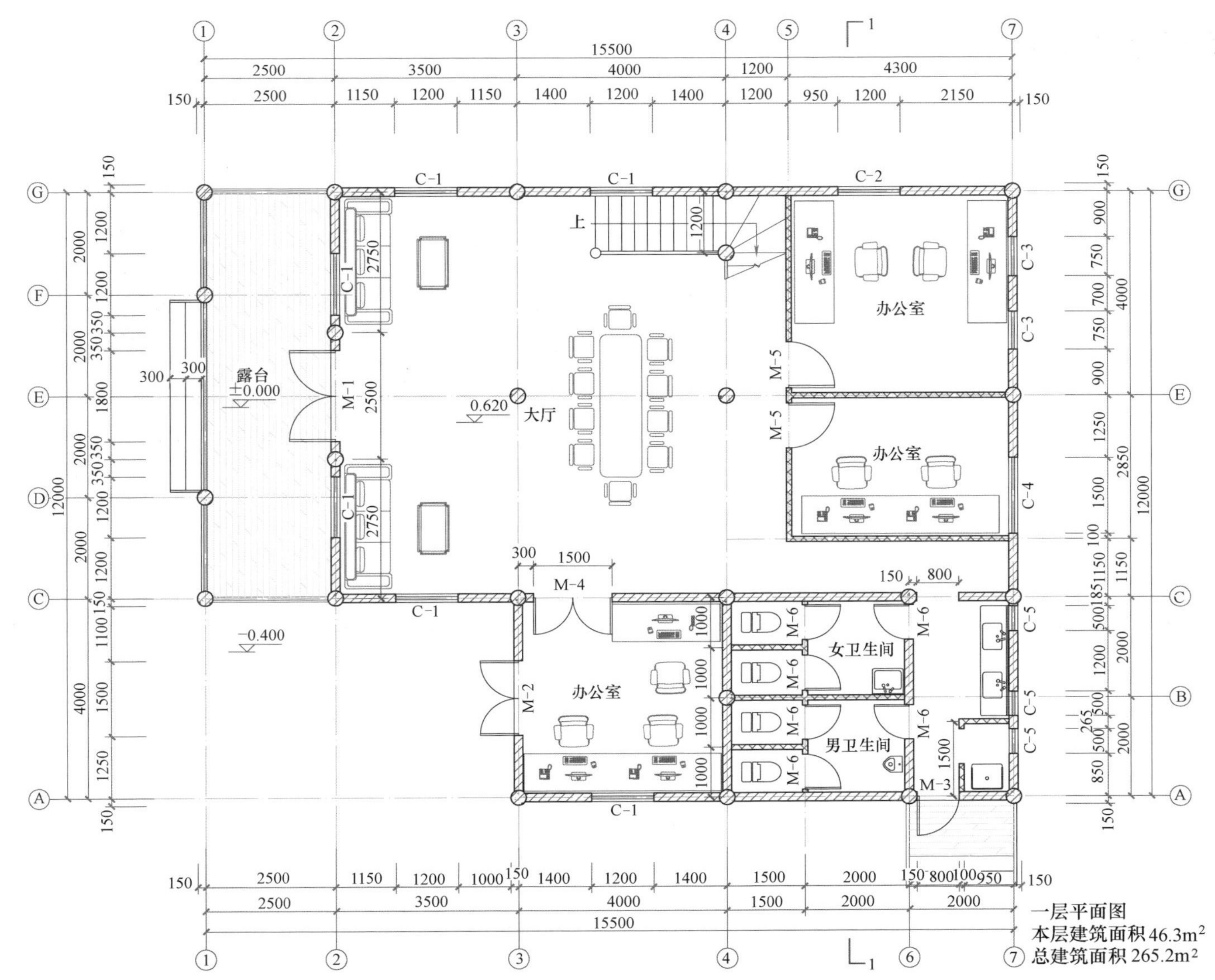

一层平面图
本层建筑面积46.3m²
总建筑面积265.2m²

村委会办事处

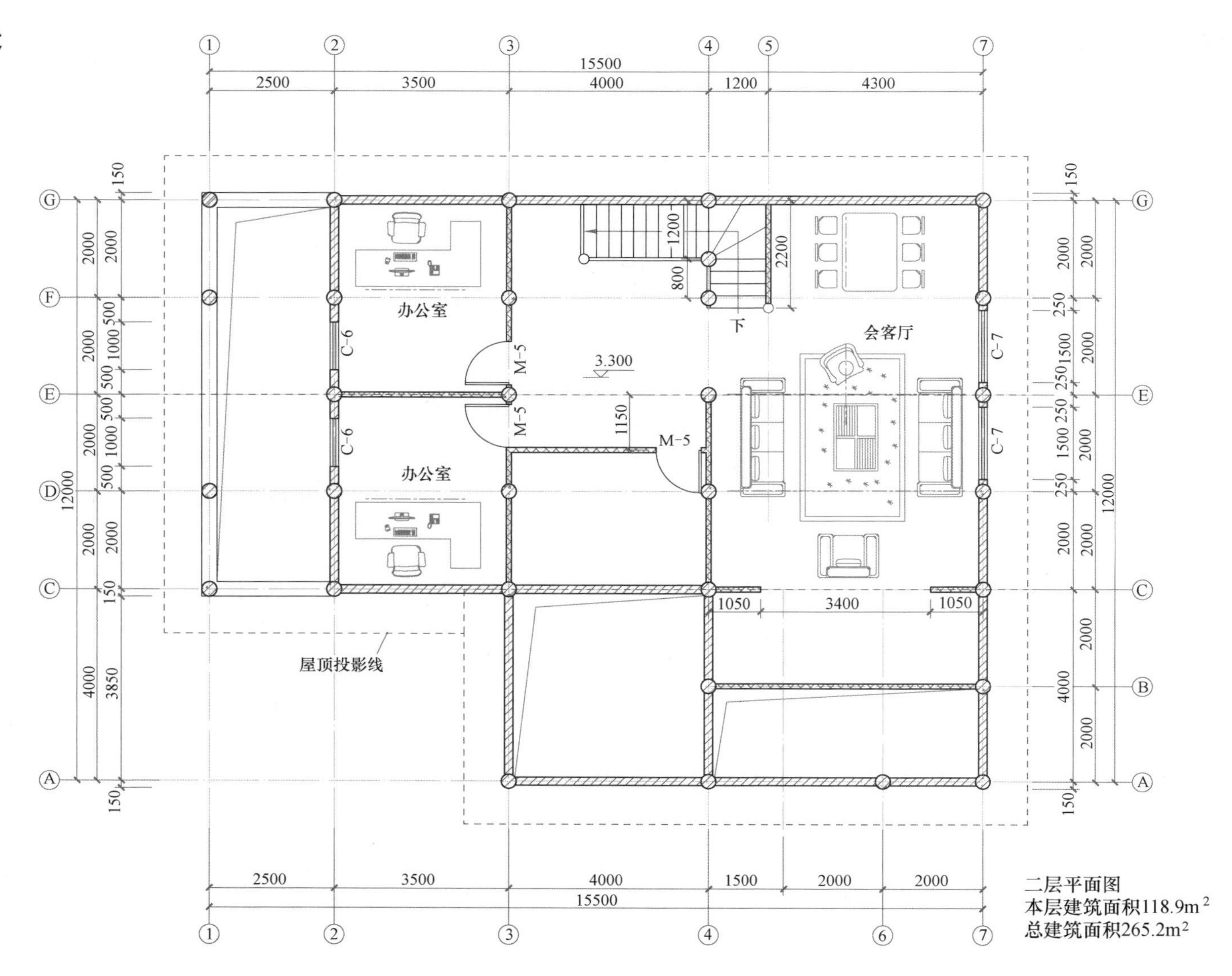

二层平面图
本层建筑面积118.9m²
总建筑面积265.2m²

村委会办事处

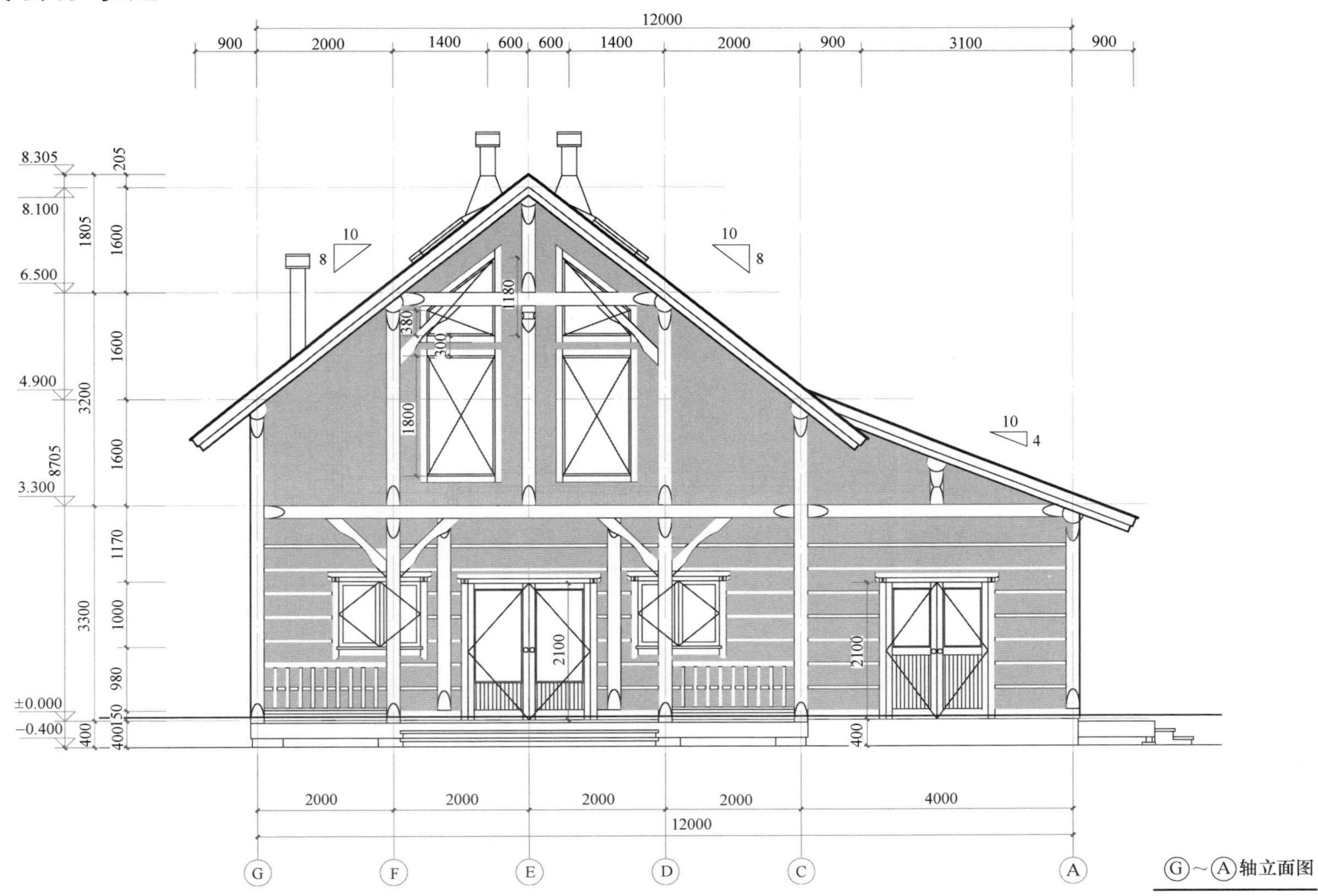
12000
900
2000
1400
600
600
1400
2000
900
3100
900
8.305
8.100
6.500
4.900
3.300
±0.000
−0.400
205
1805
1600
1600
1600
3200
8705
1170
1000
980
3300
150
400
1180
380
300
1800
2100
2100
400
10
8
10
8
10
4
2000
2000
2000
2000
4000
12000
G
F
E
D
C
A

Ⓖ～Ⓐ轴立面图

村委会办事处

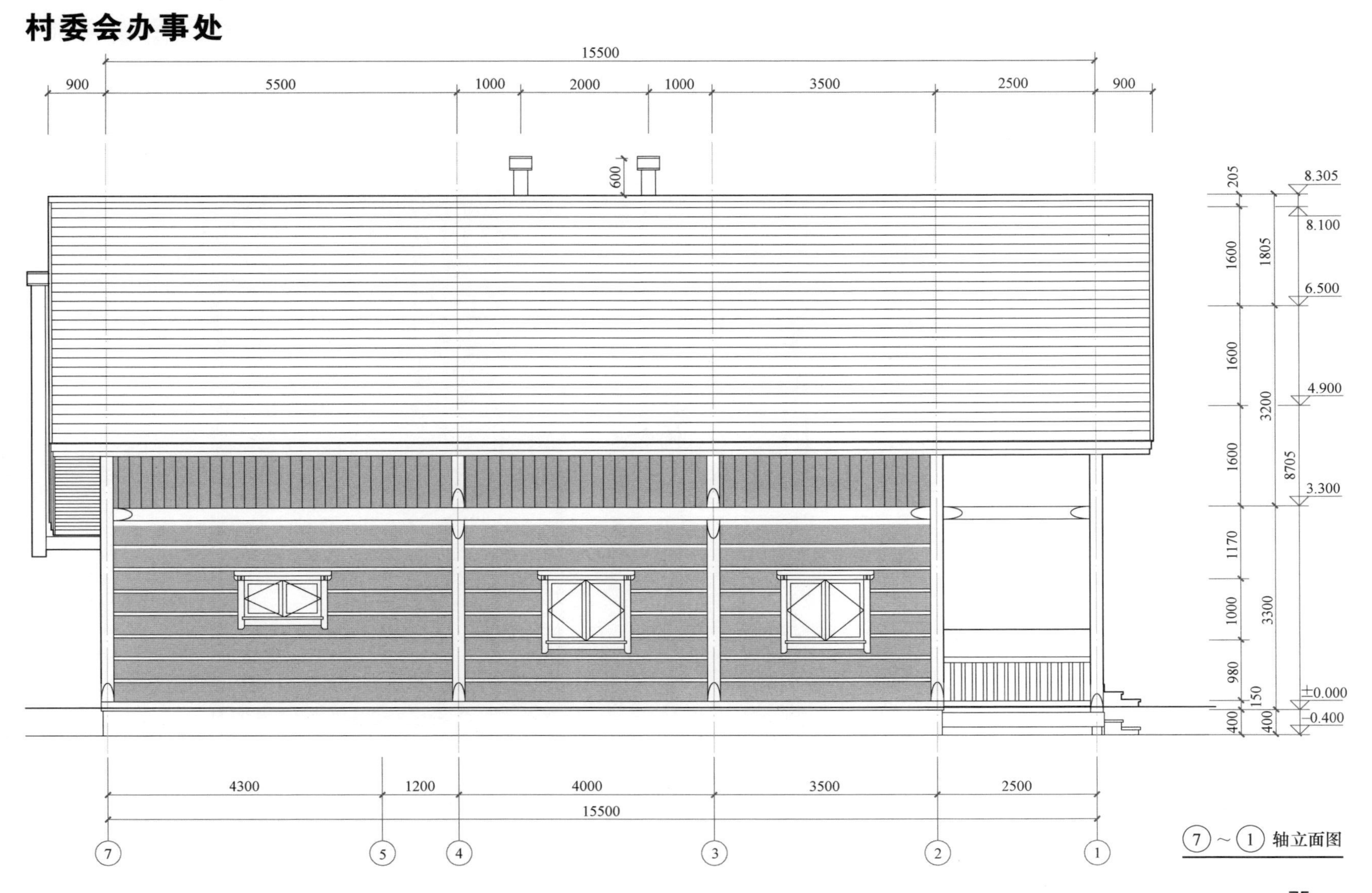

⑦～① 轴立面图

村委会办事处

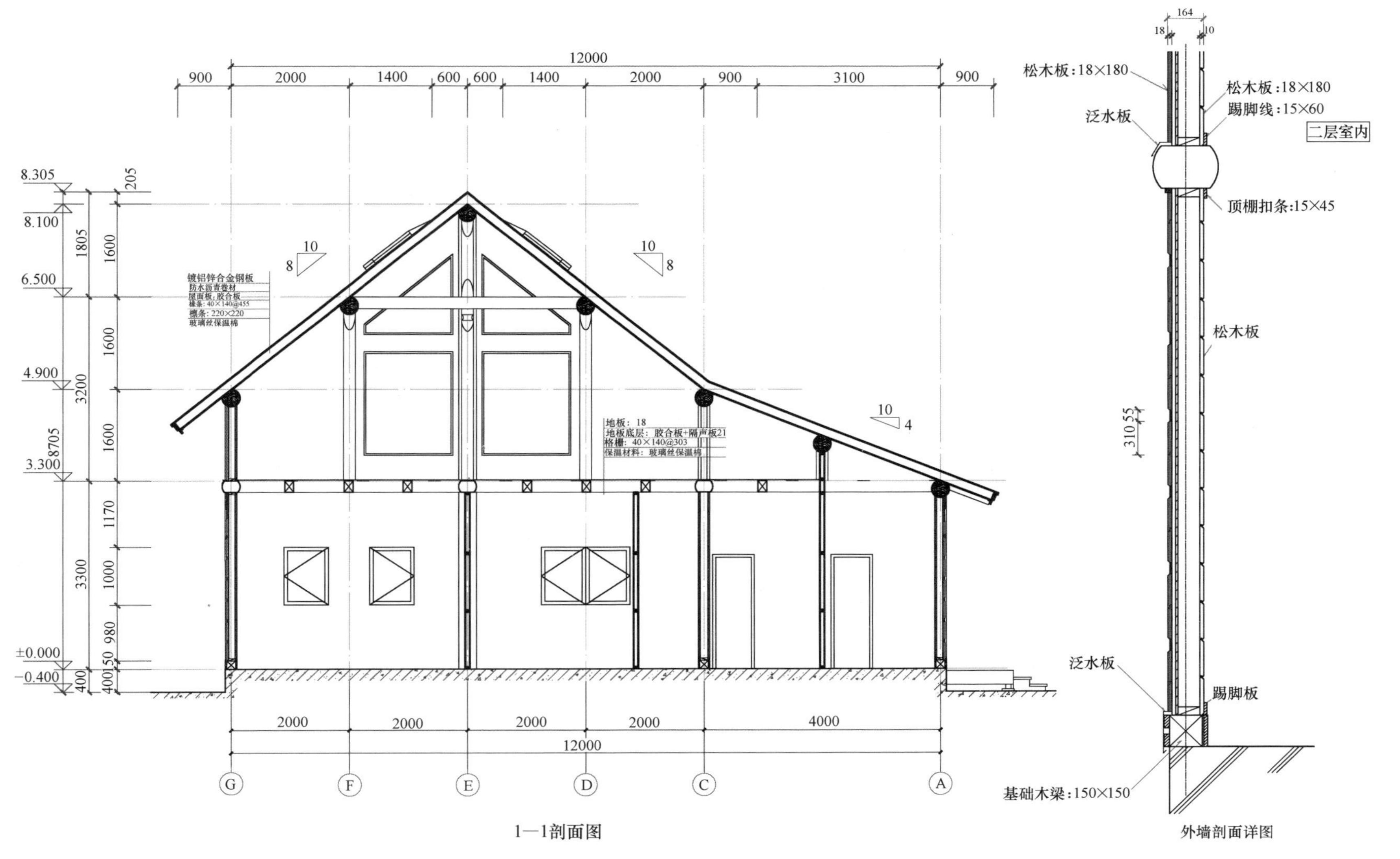

1—1剖面图

外墙剖面详图

仓房

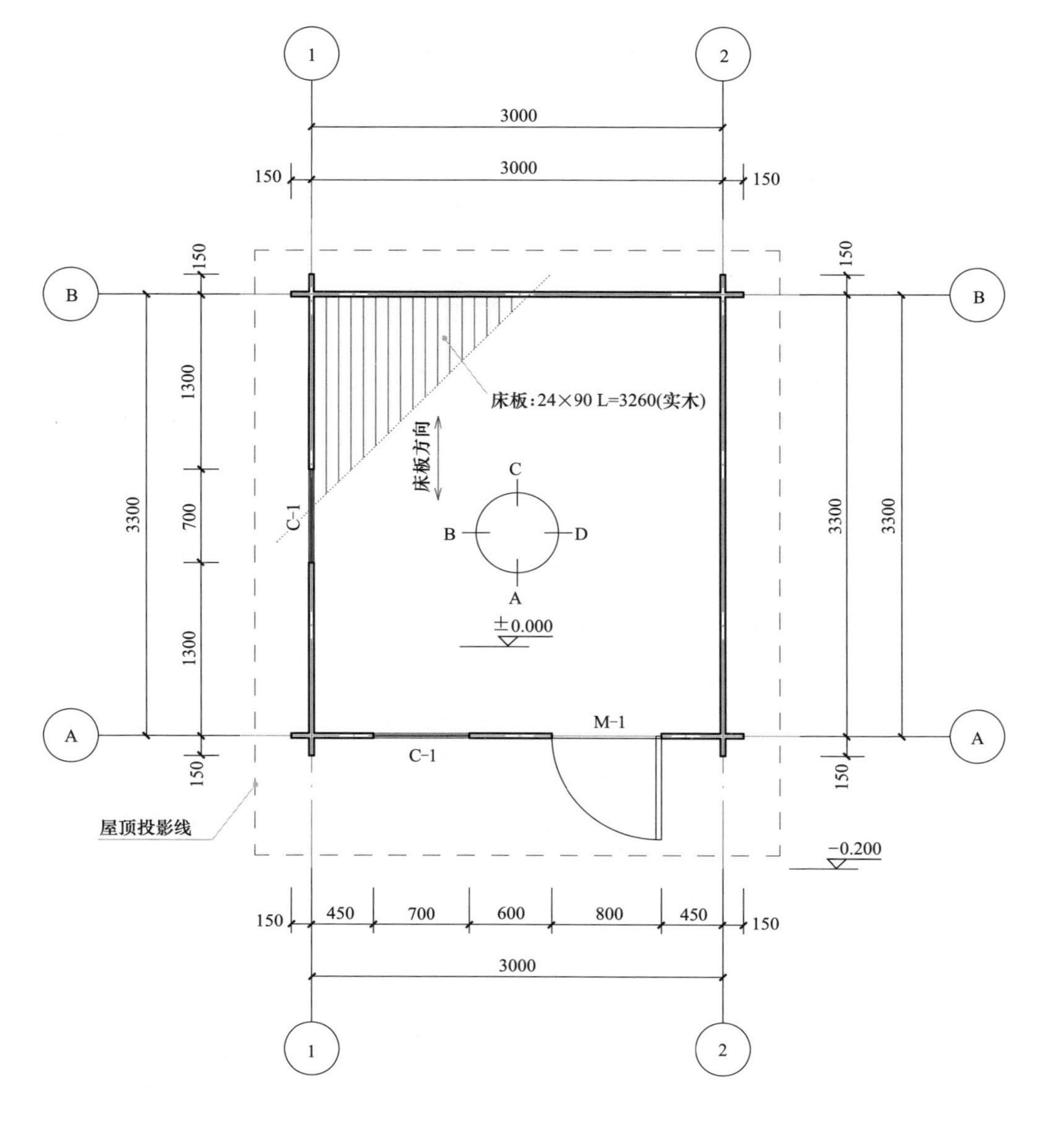

一层平面图
建筑面积$10m^2$

仓房

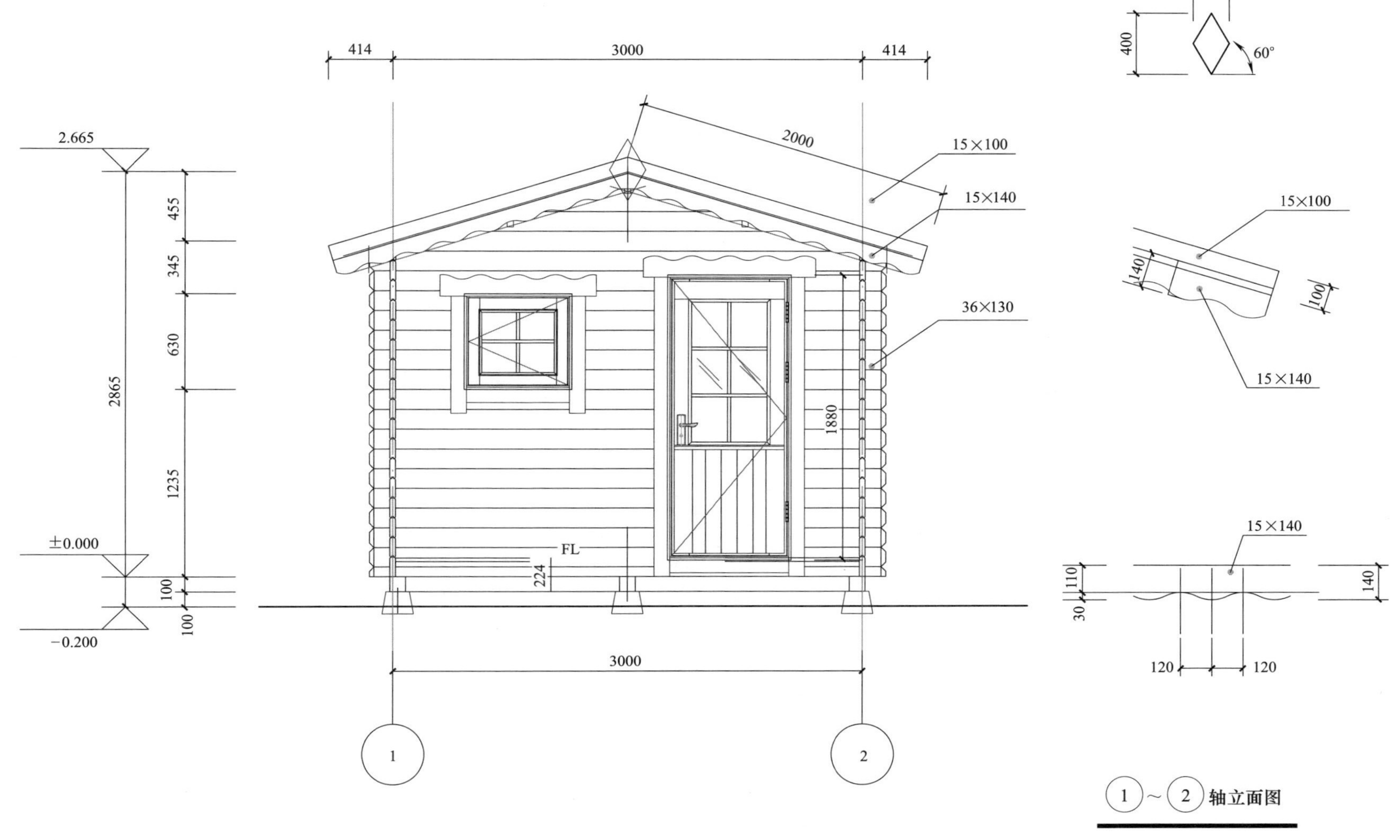
414
3000
414
2.665
2000
15×100
15×140
36×130
455
345
630
2865
1235
1880
±0.000
FL
224
100
100
−0.200
3000
1
2
231
400
60°
15×100
140
100
15×140
15×140
110
30
140
120
120

① ~ ② 轴立面图

仓房

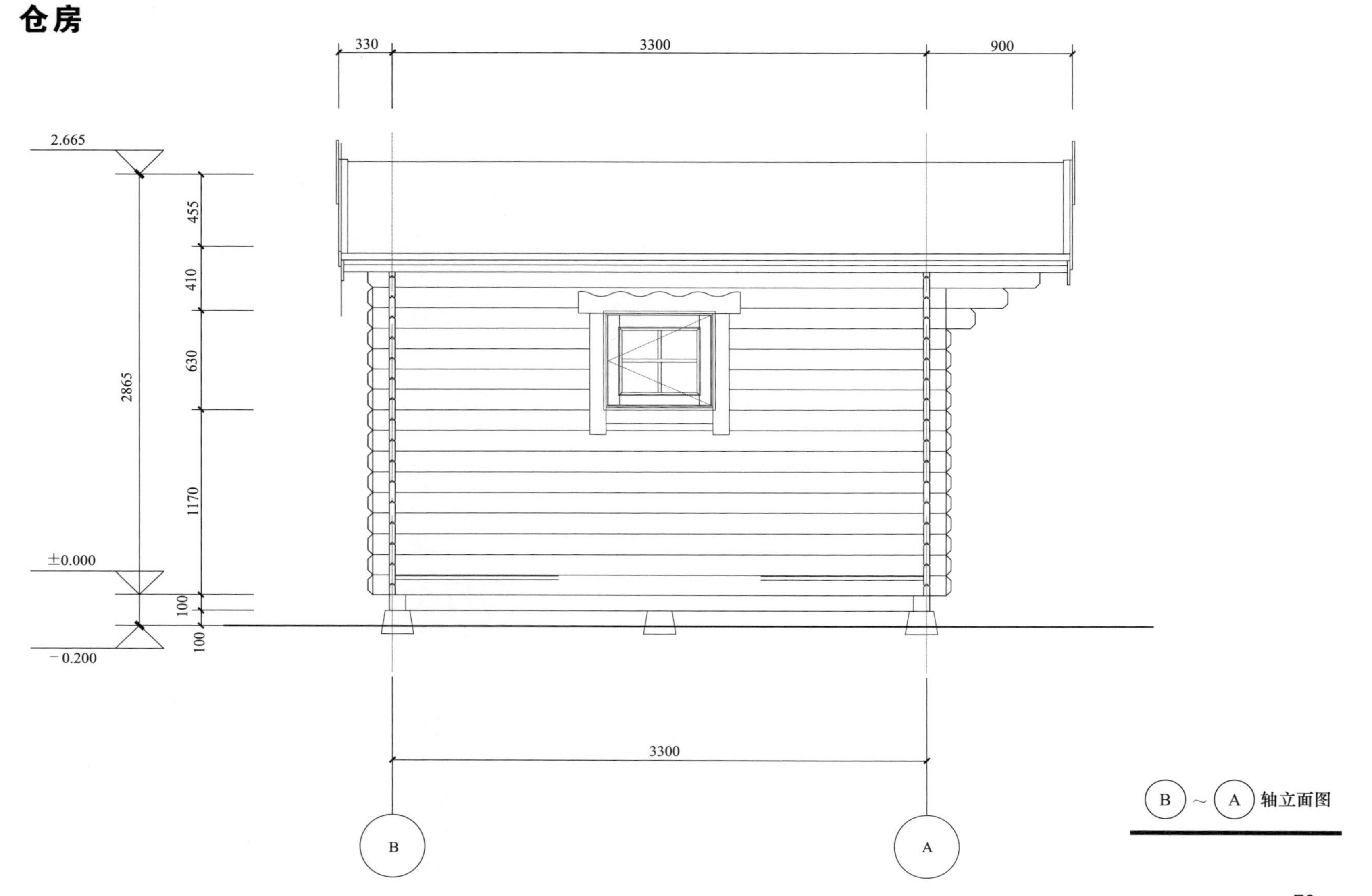
330
3300
900
2.665
455
410
630
2865
1170
±0.000
100
100
−0.200
3300
B
A

Ⓑ～Ⓐ轴立面图

仓房

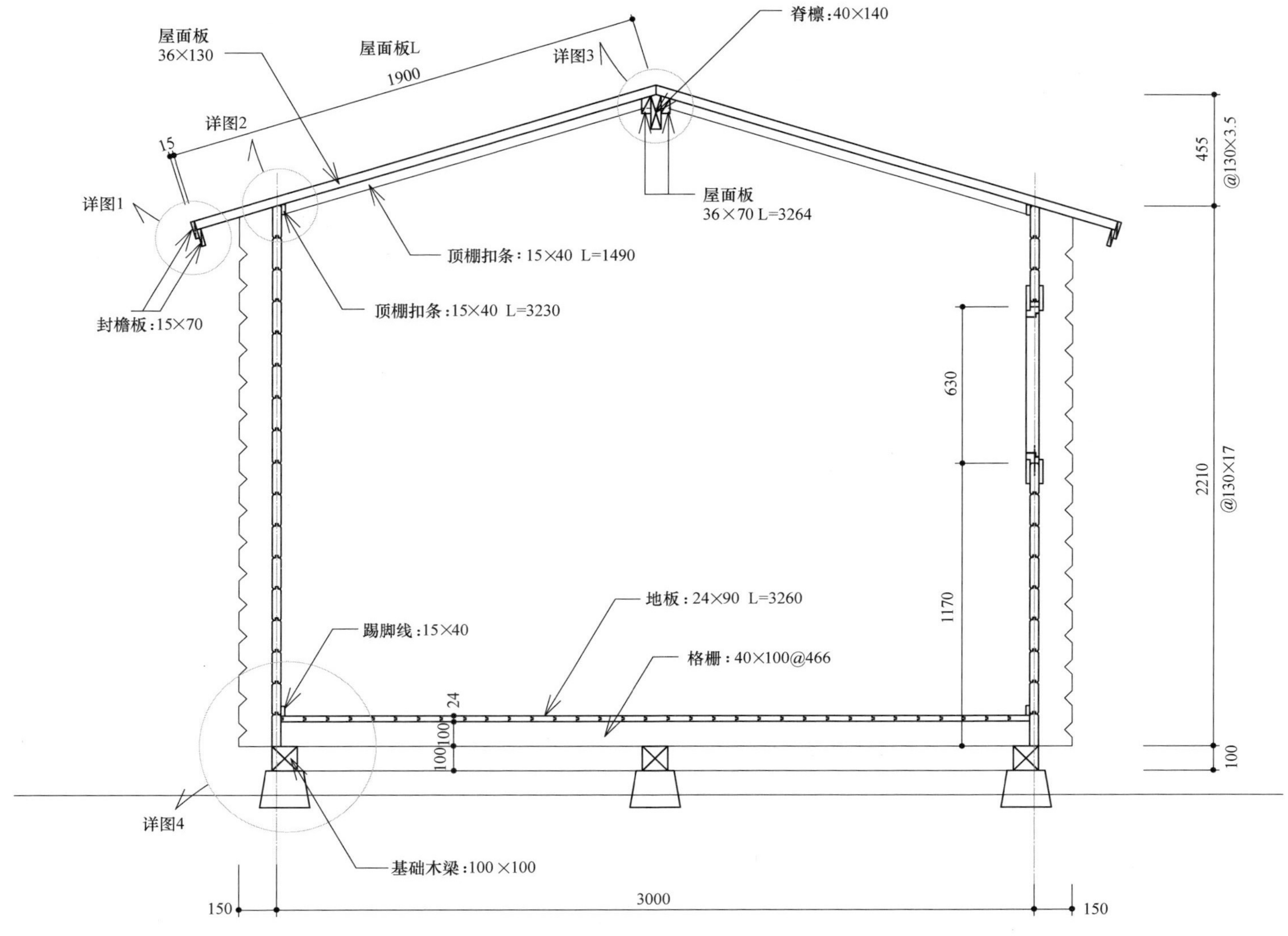

屋面板
36×130
屋面板L
1900
详图3
脊檩:40×140
详图2
15
详图1
屋面板
36×70 L=3264
顶棚扣条:15×40 L=1490
顶棚扣条:15×40 L=3230
封檐板:15×70
455
@130×3.5
630
2210
@130×17
地板:24×90 L=3260
踢脚线:15×40
格栅:40×100@466
1170
24
100
100
100
详图4
基础木梁:100×100
150
3000
150

剖面图

仓房

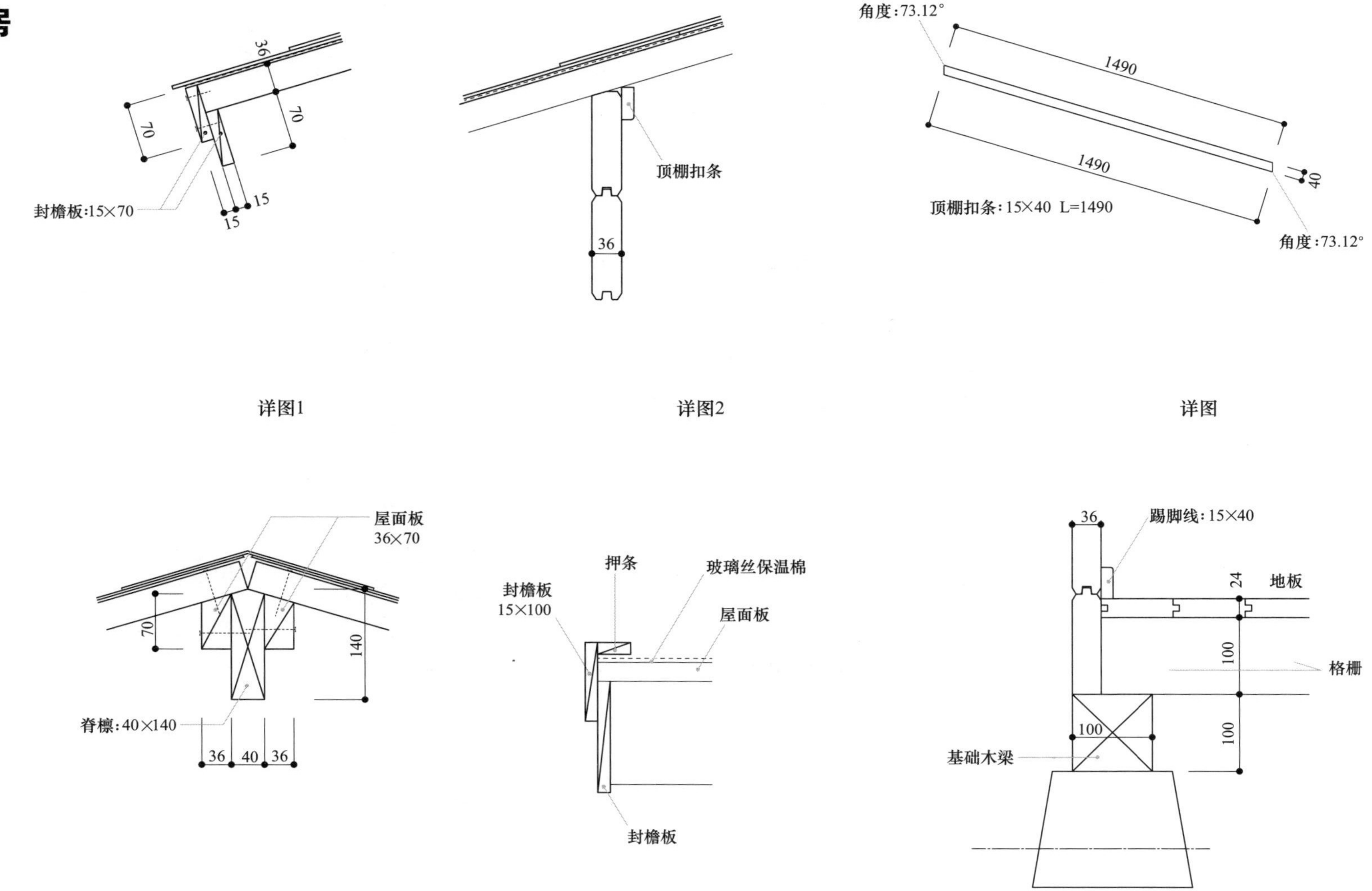

封檐板:15×70
36
70
70
15
15
详图1
顶棚扣条
36
详图2
角度:73.12°
1490
1490
40
顶棚扣条:15×40 L=1490
角度:73.12°
详图
屋面板
36×70
70
140
脊檩:40×140
36
40
36
详图3
押条
玻璃丝保温棉
封檐板
15×100
屋面板
封檐板
详图
36
踢脚线:15×40
24
地板
100
格栅
100
100
基础木梁
详图4

快递驿站

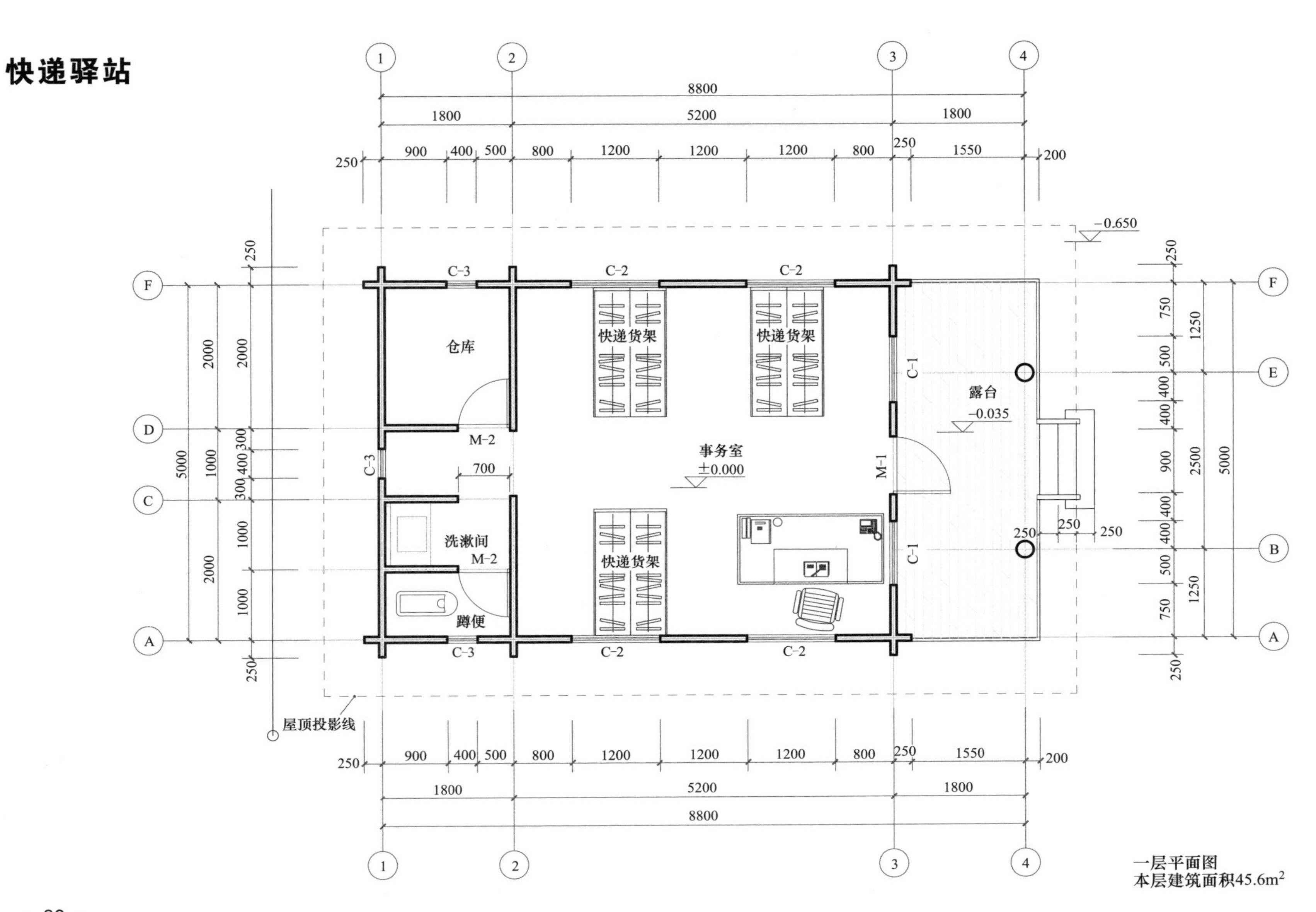

一层平面图
本层建筑面积45.6m²

快递驿站

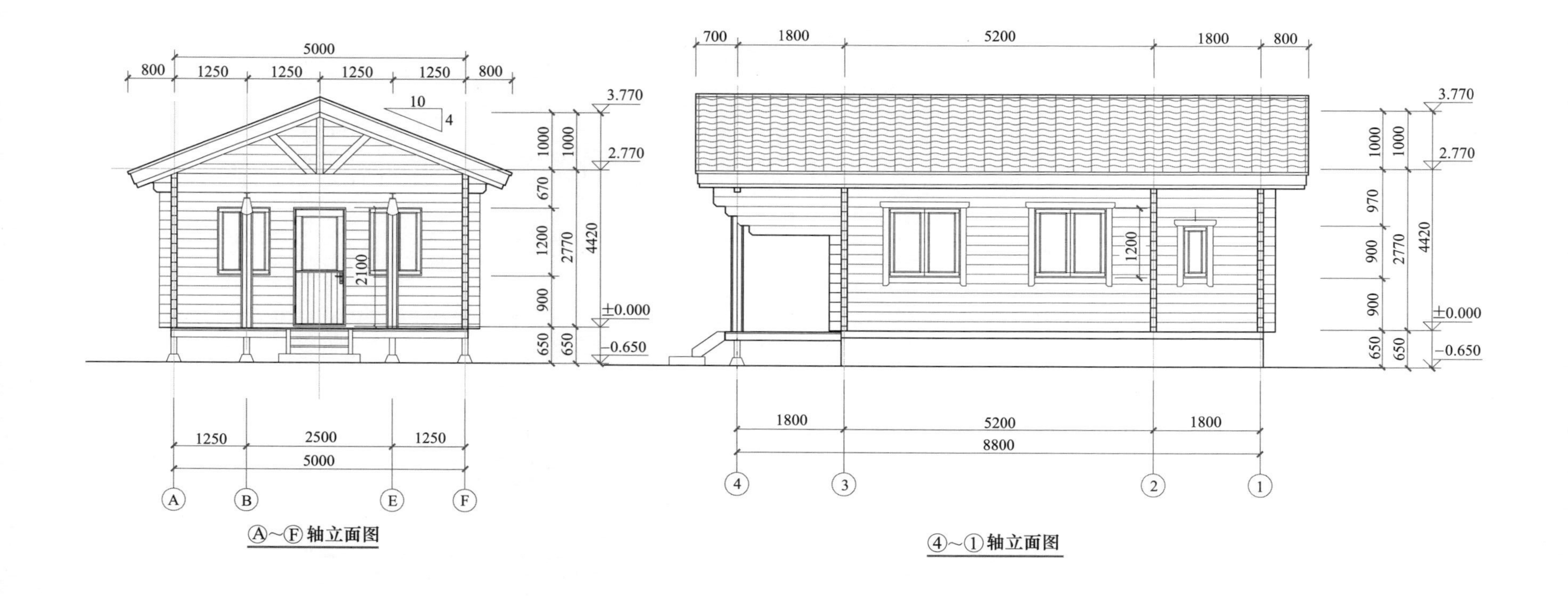

Ⓐ~Ⓕ轴立面图

④~①轴立面图

快递驿站

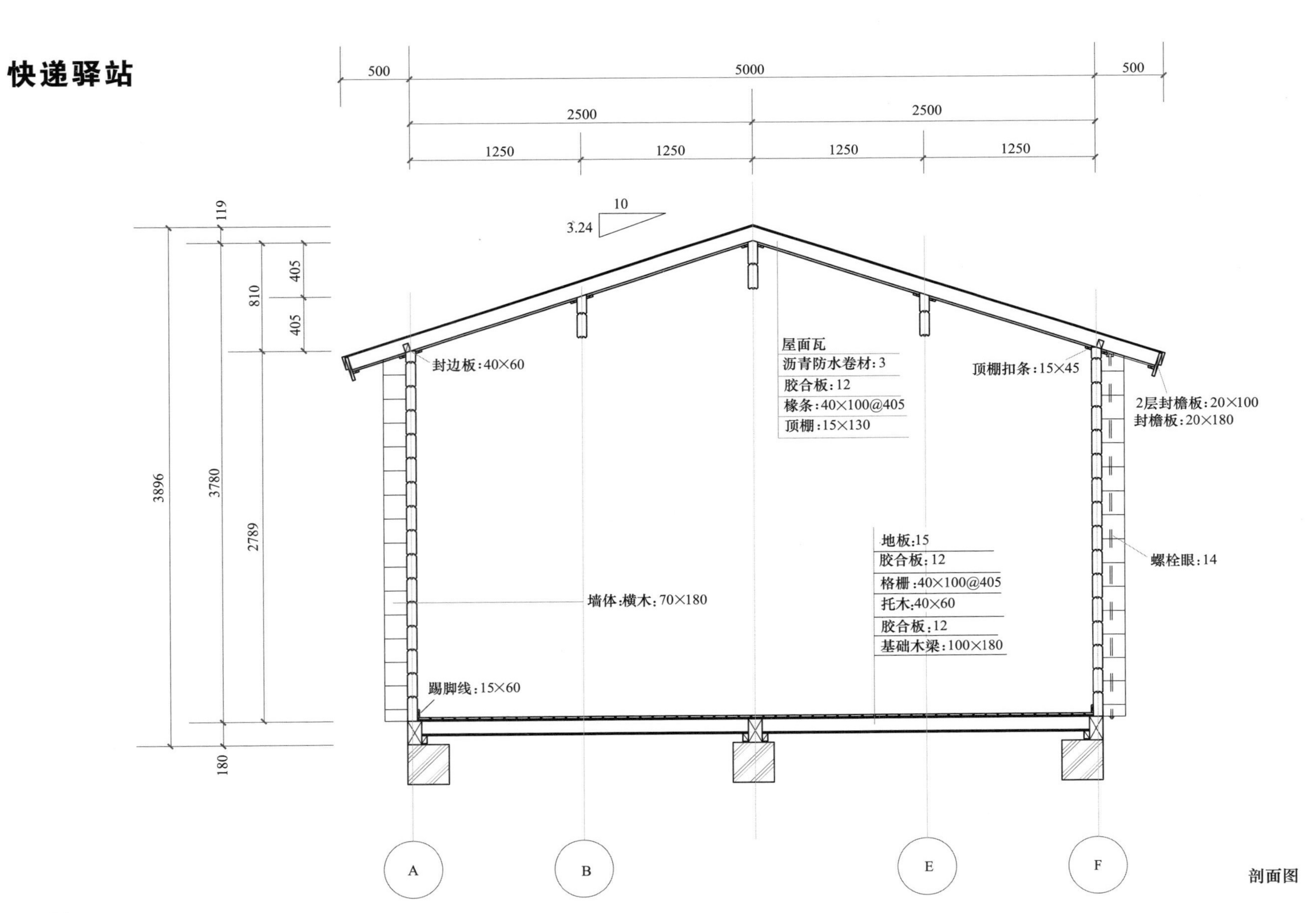

500
5000
500
2500
2500
1250
1250
1250
1250
10
3.24
119
3896
3780
810
405
405
2789
180
屋面瓦
沥青防水卷材:3
胶合板:12
椽条:40×100@405
顶棚:15×130
封边板:40×60
顶棚扣条:15×45
2层封檐板:20×100
封檐板:20×180
地板:15
胶合板:12
格栅:40×100@405
托木:40×60
胶合板:12
基础木梁:100×180
螺栓眼:14
墙体:横木:70×180
踢脚线:15×60
A
B
E
F

剖面图

公共卫生间

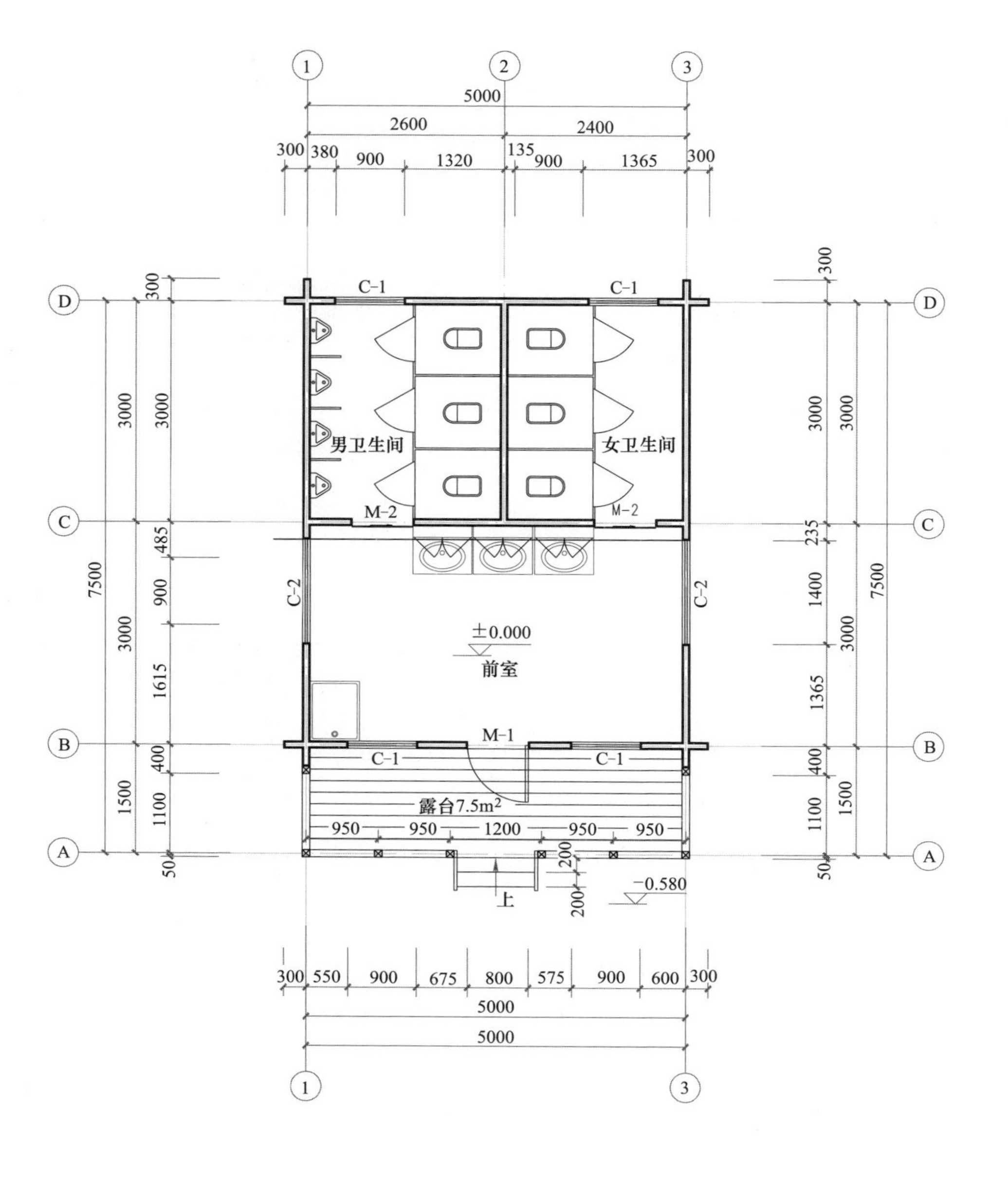

一层平面图
本层建筑面积30m²

公共卫生间

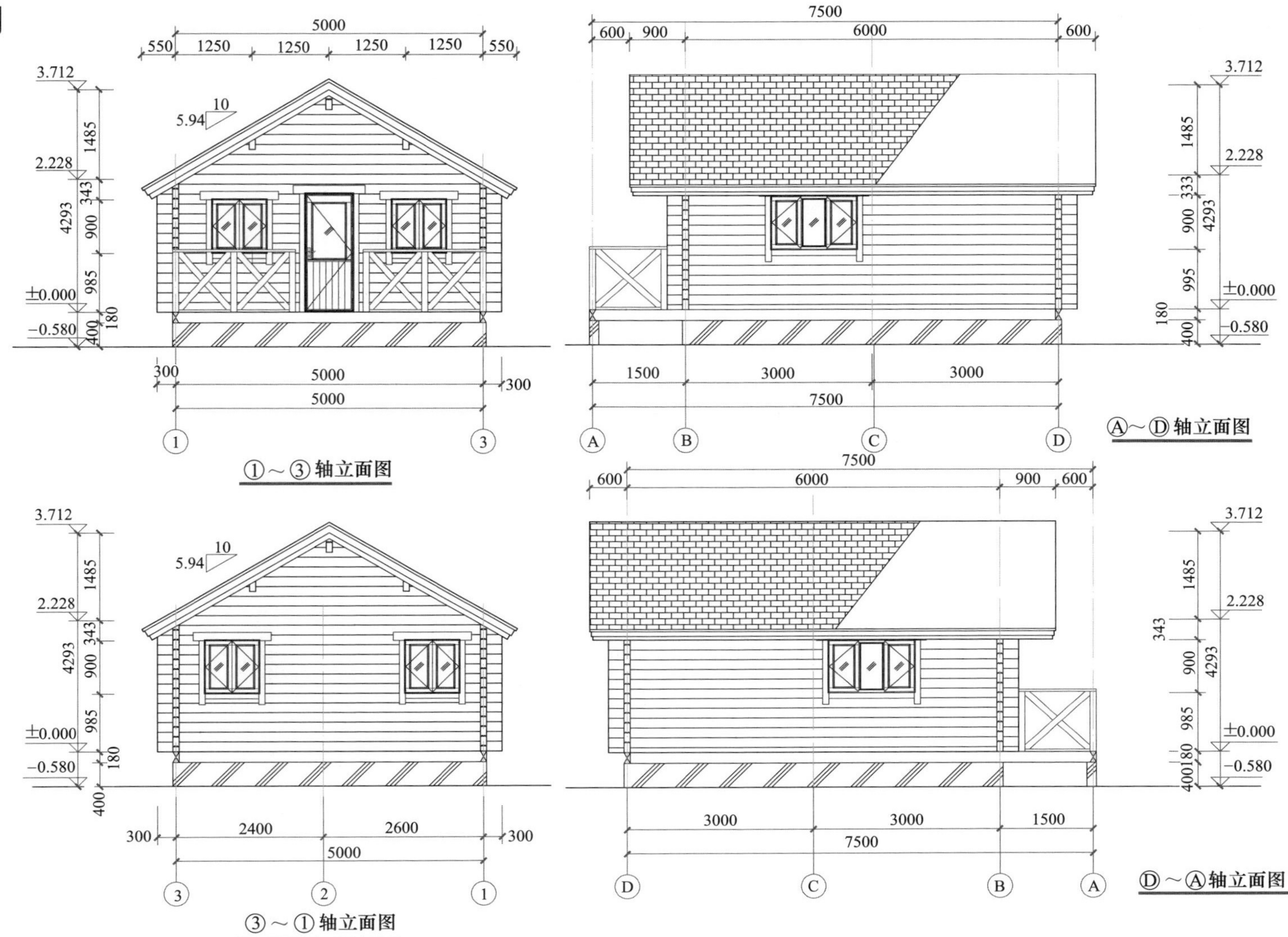
①～③轴立面图
Ⓐ～Ⓓ轴立面图
③～①轴立面图
Ⓓ～Ⓐ轴立面图

公共卫生间

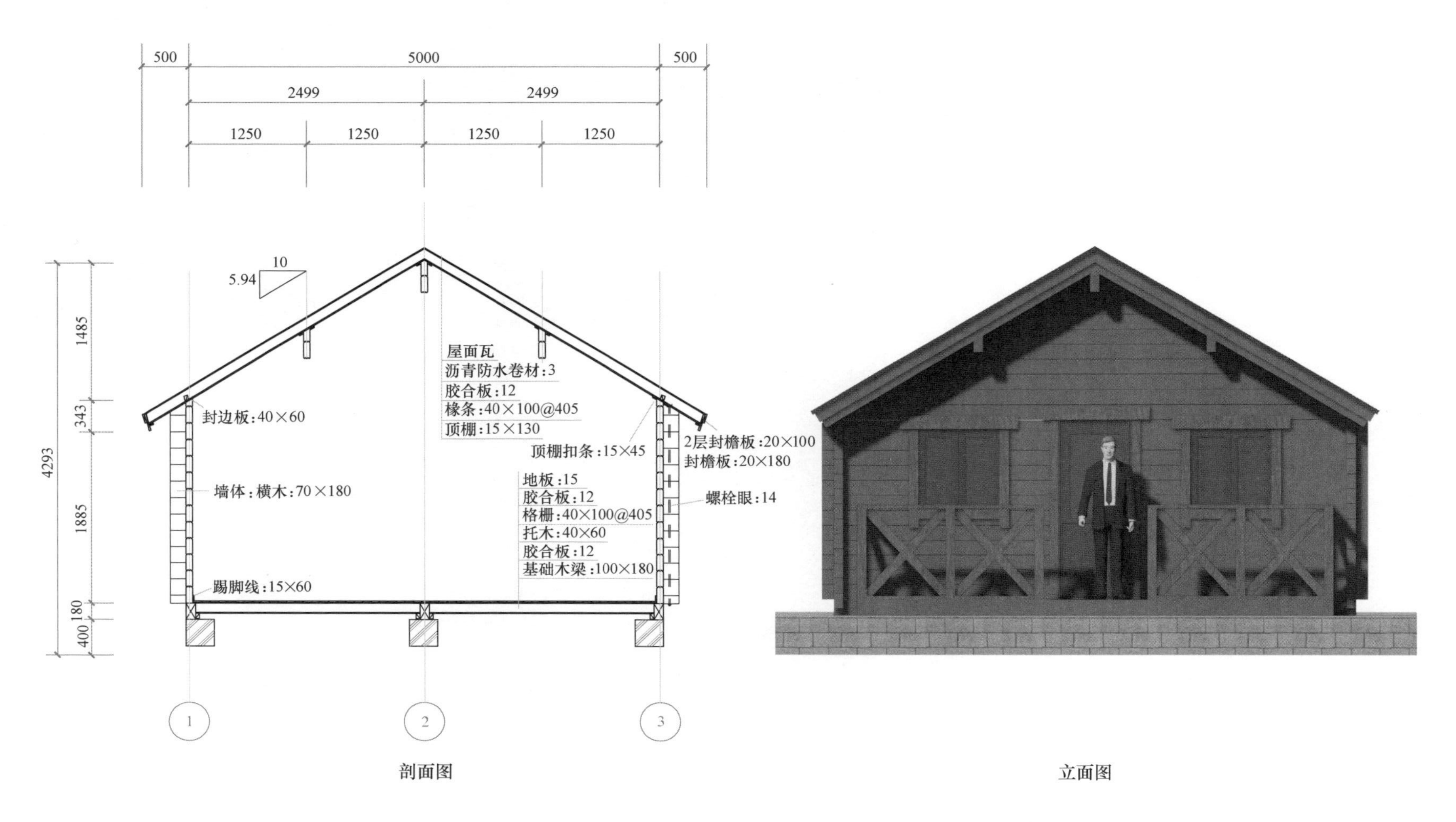
500
5000
500
2499
2499
1250
1250
1250
1250
10
5.94
1485
343
4293
1885
180
400
屋面瓦
沥青防水卷材:3
胶合板:12
椽条:40×100@405
顶棚:15×130
封边板:40×60
顶棚扣条:15×45
2层封檐板:20×100
封檐板:20×180
墙体:横木:70×180
地板:15
胶合板:12
格栅:40×100@405
托木:40×60
胶合板:12
基础木梁:100×180
螺栓眼:14
踢脚线:15×60
1
2
3

剖面图

立面图

附　录

木材性能、规格及种类

附录 1　木材平衡含水率

我国部分地区木材平衡含水率年平均值　表 1

城市	年平均含水率/%	城市	年平均含水率/%
哈尔滨	13.6	太原	11.7
齐齐哈尔	12.9	西安	14.3
佳木斯	13.7	呼和浩特	11.2
牡丹江	13.9	乌鲁木齐	12.7
长春	13.3	银川	11.8
四平	13.2	贵阳	15.4
沈阳	13.4	西宁	11.5
大连	13.0	重庆	15.9
天津	12.6	成都	16.0
石家庄	11.8	雅安	15.3
济南	11.7	康定	13.9
青岛	14.4	宜宾	16.3
郑州	12.4	兰州	11.3
洛阳	12.7	拉萨	8.6
合肥	14.8	昌都	10.3
芜湖	15.8	南宁	15.4
上海	16.0	桂林	14.4
南京	14.9	昆明	13.5
武汉	15.4	福州	15.6
宜昌	15.4	永安	16.3
杭州	16.5	厦门	15.2
温州	17.3	崇安	15.0
南昌	16.0	南平	16.1
九江	15.8	广州	15.1
长沙	16.5	海口	17.3
衡阳	16.8	北京	11.4

不同温度和湿度条件下木材平衡含水率/%

表 2

相对湿度/% 干球温度/F	8	10	15	20	25	30	35	40	45	50	55	60	65	70	75	80	85	90	95	98
−1.1	1.4	2.6	3.7	4.6	5.5	6.3	7.1	7.9	8.7	9.5	10.4	11.3	12.4	13.5	14.9	16.5	18.5	21.0	24.3	26.9
4.4	1.4	2.6	3.7	4.6	5.5	6.3	7.1	7.9	8.7	9.5	10.4	11.3	12.3	13.5	14.9	16.5	18.5	21.0	24.3	26.9
10.0	1.4	2.6	3.6	4.6	5.5	6.3	7.1	7.9	8.7	9.5	10.3	11.2	12.3	13.4	14.8	16.4	18.4	20.9	24.3	26.9
15.6	1.3	2.5	3.6	4.6	5.4	6.2	7.0	7.8	8.6	9.4	10.2	11.1	12.1	13.3	14.6	16.2	18.2	20.7	24.1	26.8
21.1	1.3	2.5	3.5	4.5	5.4	6.2	6.9	7.7	8.5	9.2	10.1	11.0	12.0	13.1	14.4	16.0	17.9	20.5	23.9	26.6
26.7	1.3	2.4	3.5	4.4	5.3	6.1	6.8	7.4	8.3	9.1	9.9	10.8	11.7	12.9	14.2	15.7	17.7	20.2	23.6	26.3
32.2	1.2	2.3	3.4	4.3	5.1	5.9	6.7	7.4	8.1	8.9	9.7	10.5	11.5	12.6	13.9	15.4	17.3	19.8	23.3	26.0
37.8	1.2	2.3	3.3	4.2	5.0	5.8	6.5	7.2	7.9	8.7	9.5	10.3	11.2	12.3	13.6	15.1	17.0	19.5	22.9	25.6
43.3	1.1	2.2	3.2	4.0	4.9	5.6	6.3	7.0	7.7	8.4	9.2	10.0	11.0	12.0	13.2	14.7	16.6	19.1	22.4	25.2
48.9	1.1	2.1	3.0	3.9	4.7	5.4	6.1	6.8	7.5	8.2	8.9	9.7	10.6	11.7	12.9	14.4	16.2	18.6	22.0	24.7
54.4	1.0	2.0	2.9	3.7	4.5	5.2	5.9	6.4	7.2	7.9	8.7	9.4	10.3	11.3	12.5	14.0	15.8	18.2	21.5	24.2
60.0	0.9	1.9	2.8	3.6	4.3	5.0	5.7	6.3	7.0	7.7	8.4	9.1	10.0	11.0	12.1	13.6	15.3	17.7	21.0	23.7
65.6	0.9	1.8	2.6	3.4	4.1	4.8	5.5	6.1	6.7	7.4	8.1	8.8	9.7	10.6	11.8	13.1	14.9	17.2	20.4	23.1
71.1	0.8	1.6	2.4	3.2	3.9	4.6	5.2	5.8	6.4	7.1	7.8	8.5	9.3	10.3	11.4	12.7	14.4	16.7	19.9	22.5
76.7	0.7	1.5	2.3	3.0	3.7	4.3	4.9	5.6	6.2	6.8	7.4	8.2	9.0	9.9	11.0	12.3	14.0	16.2	19.3	21.9
82.2	0.7	1.4	2.1	2.8	3.5	4.1	4.7	5.3	5.9	6.5	7.1	7.8	8.6	9.5	10.5	11.8	13.5	15.7	18.7	21.3
87.8	0.6	1.3	1.9	2.6	3.2	3.8	4.4	5.0	5.5	6.1	6.8	7.5	8.2	9.1	10.1	11.4	13.0	15:1	18.1	20.7
93.3	0.5	1.1	1.7	2.4	3.0	3.5	4.1	4.6	5.2	5.8	6.4	7.1	7.8	8.7	9.7	10.9	12.5	14.6	17.5	20.0
98.9	0.5	1.0	1.6	2.1	2.7	3.2	3.8	4.3	4.9	5.4	6.0	6.7	7.4	8.3	9.2	10.4	12:0	14.0	16.9	19.3
104.4	0.4	0.9	1.4	1.9	2.4	2.9	3.4	3.9	4.5	5.0	5.6	6.3	7.0	7.8	8.8	9.9	*	*	*	*
110.0	0.3	0.8	1.2	1.6	2.1	2.6	3.1	3.6	4.2	4.7	5.3	6.0	6.7	*	*	*	*	*	*	*
115.6	0.3	0.6	0.9	1.3	1.7	2.1	2.6	3.1	3.5	4.1	4.6	*	*	*	*	*	*	*	*	*
121.1	0.2	0.4	0.7	1.0	1.3	1.7	2.1	3.5	2.9	*	*	*	*	*	*	*	*	*	*	*
126.7	0.2	0.3	0.5	0.7	0.9	1.1	1.4	*	*	*	*	*	*	*	*	*	*	*	*	*
132.2	0.1	0.1	0.2	0.3	0.4	0.4	*	*	*	*	*	*	*	*	*	*	*	*	*	*

注：* 为大气压下不可出现的情况。

附录 2　常见国产木材名称、产地、识别要点、基本材性和主要加工性能

针叶树材

表 1

木材名称	树种名称		科别	主要产地	木材识别要点	木材基本特性和主要加工性能
	树种中文名	树种拉丁名				
冷杉	苍山冷杉 黄果冷杉 冷杉 巴山冷杉 岷江冷杉 中甸冷杉 川滇冷杉 长苞冷杉 杉松冷杉 台湾冷杉 臭冷杉 西伯利亚冷杉 西藏冷杉 鳞皮冷杉	*A. delavayi* *A. ernestii* *A. fabric* *A. fargesii* *A. faxoniana* *A. ferreana* *A. forrestii* *A. georgei* *A. holophylla* *A. kawakamii* *A. nephrolepis* *A. sibirica* *A. spectabilis* *A. squamata*	松科 (Pinaceae)	川、鄂、陕、甘、豫、滇、藏、辽、吉、黑、晋、冀、台	木材浅黄褐色至浅红褐色；轻而软；结构细至中；早材至晚材渐变，硬度一致；生长轮明显；轴向薄壁组织不见	气干密度 0.38～0.51g/cm^3，强度甚低，纹理直，结构中而匀，木材轻而软，干缩中，冲击性中
红杉	太白红杉 西藏红杉 四川红杉 红杉 大果红杉 怒江红杉	*L. chinensis* *L. griffithiana* *L. mastersiana* *L. potaninii* *L. potaninii var. macrocarpa* *L. speciosa*	松科 (Pinaceae)	川、甘、滇、藏	边材黄褐色，与心材区别明显，心材红褐或鲜红褐色；生长轮明显，早晚材略急变；轴向薄壁组织不见；木射线稀至中	气干密度 0.45～0.5g/cm^3；强度低；耐腐性中等；干缩中，干燥较快，在干燥时有翘裂倾向；握钉力中，少劈裂

续表

木材名称	树种名称		科别	主要产地	木材识别要点	木材基本特性和主要加工性能
	树种中文名	树种拉丁名				
落叶松	落叶松 日本落叶松 黄花落叶松 西伯利亚落叶松 华北落叶松	*L. gmelini* *L. kaempferi* *L. olgensis* *L. sibirica* *L. principis-rupprechtii*	松科 (Pinaceae)	辽、吉、黑、晋、冀、豫、陕	边材黄褐色，与心材区别明显，心材红褐色或黄红褐色；生长轮明显；早材至晚材急变；轴向薄壁组织未见；树脂道为轴向和径向两类：轴向者在横切面上肉眼下可见，放大镜下可见或明显，常分布于晚材带内，径向较小，不易看见	气干密度 0.625～0.696g/cm^3；强度中；耐腐性强；干缩大，干燥较慢，易开裂、劈裂和轮裂；握钉力中，胶黏性质中等
云杉	云杉 麦吊云杉 油麦吊云杉 青海云杉 长白鱼鳞云杉 鱼鳞云杉 红皮云杉 丽江云杉 川西云杉 林芝云杉 白杆云杉 台湾云杉 巴秦云杉 西伯利亚云杉 紫果云杉 鳞皮云杉 天山云杉 青杆云杉	*P. asperata* *P. brachytyla* *P. brachytyla* var. *complanata* *P. crassifolia* *P. jezoensis* var. *komarovii* *P. jezoensis* var. *microsperma* *P. koraiensis* *P. likiangensis* *P. likiangensis* var. *balfouriana* *P. likiangensis* var. *linzhiensis* *P. meyeri* *P. orrisonicola* *P. neoveitchii* *P. obovata* *P. purpurea* *P. retroflexa* *P. schrenkiana* var. *tianshanica* *P. wilsonii*	松科 (Pinaceae)	川、滇、陕、鄂、青、甘、宁、新、蒙、吉、黑、晋、冀、豫、台	木材浅黄褐色，心材、边材无区别；略有松脂气味；生长轮明显，轮间晚材带色深；宽度均匀至略均匀；早材至晚材渐变；树脂道分轴向和径向两类：轴向者在肉眼下横切面上间或可见，放大镜下明显	气干密度 0.29g/cm^3；强度低至中；不耐腐，且防腐处理最难；干缩小或中，干燥快且少裂，易加工、握钉力甚低

续表

木材名称	树种名称		科别	主要产地	木材识别要点	木材基本特性和主要加工性能
	树种中文名	树种拉丁名				
硬木松	加勒比松 高山松 赤松 湿地松 黄山松 思茅松 马尾松 刚松 樟子松 油松 火炬松 台湾松 黑松 云南松	*P. caribaea* *P. densata* *P. densiflora* *P. elliottii* *P. angshanensis* *P. kesiya* var. *langbianensis* *P. massoniana* *P. rigida* *P. sylvestris* var. *mongolica* *P. tabulaeformis* *P. taeda* *P. taiwanensis* *P. thunbergii* *P. yunnanensis*	松科 (Pinaceae)	辽、吉、黑、蒙、冀、晋、陕、甘、鲁、豫、苏、皖、赣、浙、粤、桂、闽、湘、鄂、台	边材浅黄褐色或黄白色，与心材区别明显，心材红褐色；木材有光泽，松脂气味浓厚，无特殊滋味；生长轮明显，略不均匀；早材至晚材急变或略急变；树脂道有轴向和径向两种	气干密度 0.45～0.5g/cm^3；强度中等；耐腐性中等，但防腐处理不易；干燥较慢，干缩略大；机械加工容易，握钉力及胶黏性能好
软木松	华山松 台湾果松 海南五针松 乔松 红松 广东松 新疆五针松	*P. armandi* *P. armandi* var. *mastersiana* *P. fenzeliana* *P. griffithii* *P. koraiensis* *P. kwangtungensis* *P. sibiric*	松科 (Pinaceae)	川、黔、滇、甘、宁、新、陕、藏、晋、鄂、豫、赣、粤、琼、桂、湘、辽、吉、黑	边材黄白色或浅黄褐色，与心材区别明显，心材红褐或色浅红褐色；松脂味较浓；生长轮略明显；早材至晚材渐变；树脂道分轴向和径向两类：轴向者在肉眼下呈浅色斑点状，数多，单独，径向在放大镜下通常不见	气干密度 0.43～0.51g/cm^3；强度低；耐腐性较强；干缩小至中，干燥快，且干后性质好；易加工，切面光滑，易钉钉，胶黏性较差
铁杉	铁杉 南方铁杉 云南铁杉 丽江铁杉 长苞铁杉	*T. chinensis* *T. chinensis* var. *tchekiangensis* *T. dumosa* *T. forrestii* *Tsugo-Keteleeria longibracteata*	松科 (Pinaceae)	川、黔、鄂、赣、闽、陕、甘、豫、皖、浙、桂、滇、藏	边材黄白色至淡黄褐色或淡黄褐色微红，心材、边材区别不明显；生材有令人不愉快的气味，无特殊滋味；生长轮明显；早材至晚材略急变至急变；树脂道缺乏	气干密度约 0.5g/cm^3；强度中，耐腐性较好；干缩小或中；易加工，握钉力强

参考文献：国家技术监督局. 中国主要木材名称：GB/T 16734—1997［S］. 北京：中国标准出版社，1997.

阔叶树材

表 2

木材名称	树种名称		科别	主要产地	木材识别要点	木材基本特性和主要加工性能
	树种中文名	树种拉丁名				
桦木	红桦 西南桦 坚桦 棘皮桦 光皮桦 白桦 天山桦	*B. albo-sinensis* *B. alnoide* *B. chinensis* *B. dahurica* *B. luminifera* *B. platyphylla* *B. tianschanica*	桦木科 (Betulacea)	蒙、黑、吉、辽、冀、晋、豫、陕、甘、川、宁、青、粤、桂、湘、黔、滇、新等省区	木材无特殊滋味和气味；生长轮略明显或明显；散孔材，管孔略少略小，在肉眼下呈白点状；轴向薄壁组织在放大镜下可见；轮界状	气干密度 0.59～0.72g/cm^3；强度中；不耐腐；干缩大，干燥快，且干后性质好，不翘曲；易加工，切面光滑，握钉力大，胶黏容易
黄锥	高山锥 海南锥	*C. delavayi* *C. hainanensis*	壳斗科 (Fagaceae)	滇、黔、川、桂、粤、琼等省区	木材黄褐色或浅栗褐色；心材、边材区别不明显；无特殊气味和滋味；生长轮不明显至略明显；散孔至半环孔材；轴向薄壁组织在放大镜下明显，以星散—聚合及离管带状为主；有宽窄两种射线	气干密度约 0.83g/cm^3；强度高；耐腐；干缩大，干燥困难，容易产生开裂、劈裂与表面硬化；加工困难，切面光滑，握钉力大，有劈裂倾向，胶黏容易
白锥	米槠 罗浮锥 栲树 裂斗锥 丝丝锥	*C. carlesii* *C. fabri* *C. fargesii* *C. fissa* *C. indica*	壳斗科 (Fagaceae)	闽、浙、赣、粤、琼、桂、湘、鄂、黔、川、藏、台等省区	木材浅红褐色或栗褐色微红；心材、边材区别不明显；有光泽；无特殊气味或滋味；生长轮略明显；环孔材；早材至晚材急变；轴向薄壁组织量多，放大镜下明显，以星散—聚合及离管带状为主；有宽窄两种射线	气干密度 0.5～0.59g/cm^3。强度低或中，不耐腐。干缩小或中，干燥困难，容易产生开裂和变形，容易出现皱缩现象，开裂可贯通整根原木。加工容易，握钉力不大，胶黏容易
红锥	华南锥 南岭锥 红锥	*C. concinna* *C. fordii* *C. hystrix*	壳斗科 (Fagaceae)	闽、粤、赣、桂、湘、浙、黔、滇、藏等省区	边材暗红褐色，与心材区别明显；心材红褐色、鲜红褐色或砖红色；有光泽；无特殊气味或滋味；生长轮略明显；环孔材或半环孔材至散孔材；具侵填体；早材至晚材略渐变；轴向薄壁组织在放大镜下湿切面上可见，离管带状及似傍管状；通常为窄木射线	气干密度约 0.73g/cm^3；强度中；耐腐性强；干缩中，干燥困难，微裂；握钉力中至大，胶黏容易；纹理斜；结构细至中

续表

木材名称	树种名称		科别	主要产地	木材识别要点	木材基本特性和主要加工性能
	树种中文名	树种拉丁名				
苦槠	甜槠 丝栗 苦槠	*C. eyrei* *C. platyacantha* *C. sclerophylla*	壳斗科 (Fagaceae)	闽、赣、桂、粤、湘、滇、川、黔、桂等省区	木材褐色，心边材区别不明显；有光泽；无特殊气味滋味；生长轮略明显；环孔材；少数有侵填体；早材至晚材急变；轴向薄壁组织量多，放大镜下明显，以星散—聚合及离管带状为主	气干密度 0.55～0.61g/cm^3；强度低或低至中；略耐腐；干缩小或中，干燥慢，不翘曲，但易开裂；加工容易，握钉力中，胶黏容易；纹理斜；结构细至中
红青冈	竹叶青冈 薄叶青冈 福建青冈 黄青冈	*C. bambusaefolia* *C. blakei* *C. chungii* *C. delavayi*	壳斗科 (Fagaceae)	粤、桂、滇、黔、闽、赣、川等省区	边材红褐色或浅红褐色，与心材区别略明显；心材暗红褐色或紫红褐色；生长轮不明显；散孔材，管孔放大镜下明显，大小略一致；具侵填体；轴向薄壁组织多，主为离管带状；木射线有宽窄两种	气干密度约 1.0g/cm^3；强度甚高；耐腐性强；干缩大，干燥困难，有翘曲现象；握钉力大，胶黏容易；纹理直；结构粗而匀
白青冈	青冈 滇青冈 细叶青冈	*C. glauca* *C. glaucoides* *C. myrsinaefolia*	壳斗科 (Fagaceae)	湘、桂、鄂、川、闽、赣、皖、浙、陕等省区	木材灰黄色、灰褐色带红或浅红褐色带灰，心材、边材区别不明显；生长轮不明显；散孔至半环孔材；轴向薄壁组织量多；主为离管带状；有宽窄两种木射线	气干密度 0.6～0.65g/cm^3；强度高；耐腐，防腐处理困难；干缩大，干燥困难；加工困难，握钉力强，胶黏容易；纹理斜；结构细至中
红椆	红椆 脚板椆	*L. fenzelianus* *L. handelianus*	壳斗科 (Fagaceae)	台、闽、粤、桂、琼、川等省区	边材灰红褐色或浅红褐色，与心材区别明显，心材呈紫红褐色；生长轮略明显或不明显；散孔材；轴向薄壁组织量多，在放大镜下可见至明显；主为傍管带状；有宽窄两种木射线	气干密度 0.88～0.92g/cm^3；强度高；耐腐性强；干缩大，干燥困难；加工困难，握钉力强，胶黏容易；纹理斜；结构中而匀

续表

木材名称	树种名称		科别	主要产地	木材识别要点	木材基本特性和主要加工性能
	树种中文名	树种拉丁名				
椆木	茸毛椆 石栎 柄果椆	*L. dealbatus* *L. glaber* *L. longipedicellatus*	壳斗科 (Fagaceae)	粤、桂、滇、黔、闽、浙、琼等省区	边材灰红褐色或浅红褐色,与心材区别明显,心材呈红褐色或红褐色带紫;生长轮略明显或不明显;散孔材;侵填体偶见;轴向薄壁组织量多,在放大镜下可见至明显;主为傍管带状;有宽窄两种木射线	气干密度 0.65～0.91g/cm^3;强度中;不耐腐;干缩中,干燥困难;加工不难,切削面光滑,握钉力强,胶黏容易;纹理斜;结构中而匀
白椆	包椆 华南椆	*L. cleistocarpus* *L. fenestratus*	壳斗科 (Fagaceae)	桂、粤、湘、赣、闽、黔、滇、川、藏等省区	木材浅灰红褐色或暗黄褐色,心材、边材区别不明显;生长轮不明显;散孔至半环孔材;侵填体偶见;轴向薄壁组织量多,在放大镜下可见至明显,呈细弦线及似傍管状;有宽窄两种木射线	气干密度 0.65～0.91g/cm^3。强度中,不耐腐。干缩中,干燥困难。加工不难,切削面光滑;握钉力强,胶黏容易。纹理斜;结构中而匀
麻栎	麻栎 栓皮栎	*Q. acutissima* *Q. variabilis*	壳斗科 (Fagaceae)	华东、中南、西南、华北、西南及辽、陕、甘、皖、赣、浙、闽、湘、苏等省区	边材暗黄褐色或灰黄褐色,与心材区别略明显,心材浅红褐色;生长轮甚明显;环孔材;具侵填体;早晚材急变;轴向薄壁组织量多,主为星散—聚合及离管带状	气干密度 0.91～0.93g/cm^3。强度中至高,心材耐腐,边材易腐朽。干缩中或大,干燥困难。加工困难,不易获得光滑切削面;握钉力强,胶黏容易。纹理直;结构粗
槲栎	槲栎 槲树 白栎 辽东栎 柞木	*Q. aliena* *Q. dentata* *Q. fabri* *Q. liaotungensis* *Q. monolica*	壳斗科 (Fagaceae)	皖、赣、浙、湘、鄂、川、滇、苏、冀、甘、辽、桂、黔、陕等省区	边材浅黄褐色,与心材区别明显,心材浅栗褐色或栗褐色;生长轮甚明显;环孔材;具侵填体;早晚材急变;轴向薄壁组织量多,呈离管细弦线排列	气干密度 0.76～0.88g/cm^3。强度中或中至高,耐腐。干缩大,干燥困难。加工困难,不易获得光滑切削面;握钉力强,胶黏容易。纹理直;结构粗,不均匀

续表

木材名称	树种名称		科别	主要产地	木材识别要点	木材基本特性和主要加工性能
	树种中文名	树种拉丁名				
高山栎	高山栎 四川栎	*Q. aquifolioides* *Q. engleriana*	壳斗科 (Fagaceae)	川、、鄂、黔、滇、湘、桂、赣、陕、藏等省区	边材浅灰褐色或黄褐色，与心材区别略明显或不明显，心材浅红褐至红褐色；生长轮缺如或不明显；散孔材；轴向薄壁组织在放大镜下明显，呈断续离管细弦线排列，并似傍管状；木射线有宽窄两种	气干密度约 0.96g/cm^3。强度甚高，耐腐性强。干缩大，干燥困难，有翘曲现象。握钉力大，胶黏容易
榆木	春榆 裂叶榆 大果榆 白榆	*U. davidian var. japonica* (Rehd.) Nakai *U. laciniata* (Trautv.) Mayr. *U. macrocarpa Hance* *U. pumila L.*	榆科 (Ulmaceae Mirb)	东北、华北、西北及川、苏、浙、赣、皖等省区	边材黄褐色，与心材区别略明显；生长轮明显，轮间呈深色晚材带；环孔材；早材导管中至略大，肉眼下明显，晚材导管甚小，放大镜下明显；轴向薄壁组织放大镜下明显，傍管状；木射线极细至中，放大镜下明显	气干密度约 0.59g/cm^3；强度中；干燥略困难，易翘曲开裂；稍耐腐朽，防腐处理容易；加工性能好，弦切板有美丽抛物线花纹，油漆性能好
樟木	香樟 黄樟 油樟 云南樟	*C. camphora* (L.) Presl *C. porrectum* (Roxb.) Kosterm *C. longepaniculatum* (Gamble) *C. glanduliferum* (Wall.) Nees	樟科 (Lauraceae Juss)	滇、川、黔、藏、陕、赣、桂、湘、粤、皖、浙、鄂等省区	管孔在肉眼下可见或略见，心材红褐色或红褐色带紫，新伐材樟脑气味浓，消失后湿切面上气味微弱；轴向薄壁组织在放大镜下明显，傍管状	气干密度约 0.50g/cm^3；强度中；耐腐朽、虫害，浸注难；干燥略困难，速度慢，易翘曲开裂；切面光滑，有光泽；易胶黏，握钉力中至略强，不劈裂
楠木	桢楠 紫楠	*P. zhennan* S. Lee et F. N. Wei *P. sheareri* (Hemsl.) Gamble	樟科 (Lauraceae Juss)	川、黔、鄂、赣、桂、湘、皖、闽、浙、粤、苏等省区	木材黄褐色带绿，心材、边材区别不明显；生长轮明显；散孔材；管孔散生或斜列，肉眼下略见；轴向薄壁组织少，放大镜下明显，傍管状	气干密度约 0.60g/cm^3；强度中；干燥情况颇佳，略有翘裂现象，干后尺寸稳定性好；耐腐性强；切面光滑、美观，油漆后更加光亮；胶黏性好，握钉力颇佳

参考文献：国家技术监督局. 中国主要木材名称：GB/T 16734—1997 [S]. 北京：中国标准出版社，1997.

附录3　主要进口木材名称、产地、识别要点、基本材性和主要加工性能

进口针叶材　　表1

木材名称	树种名称		国外商品材名称	科别	主要产地	木材识别要点	木材基本特性和主要加工性能
	树种中文名	树种拉丁名					
冷杉	欧洲冷杉 美丽冷杉 香脂冷杉 希腊冷杉 科州冷杉 北美冷杉 西班牙冷杉 西伯利亚冷杉	*A. alba* *A. amabilis* *A. balsamea* *A. cephalonica* *A. concolor* *A. grandis* *A. pinsapo* *A. sibirica*	Fir, Pacific silver fir, White fir, Grand fir	松科 (Pinaceae)	亚洲、欧洲及北美洲	木材白至黄褐色,心材、边材区别不明显;生长轮清晰,早晚材过渡渐变;薄壁组织不可见,木射线在径切面有细而密的不显著斑纹,无树脂道,木材纹理直而匀	气干密度 0.42～0.48g/cm^3;强度中,不耐腐,干缩略大,易干燥、加工、钉钉,胶黏性能良好
落叶松	欧洲落叶松 落叶松 北美落叶松 粗皮落叶松 西伯利亚落叶松	*L. decidua* *L. gmelinii* *L. laricina* *L. occidentalis* *L. sibirica*	Larch, European larch, Tamarack, Western larch	松科 (Pinaceae)	北美洲、欧洲及西伯利亚等	边材带白色,狭窄,心材黄褐色(速生材淡红褐色);生长轮宽而清晰,早晚材过渡急变;薄壁组织不可见,木射线仅在径面可见细而密不明显的斑纹;有纵向树脂道;木材略含油质,手感稍润滑,但无气味;木材纹理呈螺旋纹	气干密度 0.56～0.7g/cm^3;强度高,耐腐性强,但防腐处理难;干缩较大,干燥较慢,在干燥过程中易轮裂;加工难,钉钉易劈裂
云杉	欧洲云杉 恩氏云杉 白云杉 日本鱼鳞云杉 黑云杉 倒卵云杉 红云杉 西加云杉	*P. Abies* *P. engelmannii* *P. glauca* *P. jezoensis* *P. mariana* *P. obovata* *P. rubens* *P. sitchensis*	Spruce, European spruce, White spruce, Black spruce, Red spruce, Sitka spruce	松科 (Pinaceae)	北美洲、欧洲及西伯利亚等	心材、边材无明显区别,色呈白色至淡黄褐色,有光泽;生长轮清晰,早材较晚材宽数倍;薄壁组织不可见,有纵向树脂道;木材纹理直而匀	气干密度 0.56～0.7g/cm^3;强度低至中,不耐腐,且防腐处理难;干缩较小,干燥快且少裂;易加工、钉钉,胶黏性能良好

续表

木材名称	树种名称		国外商品材名称	科别	主要产地	木材识别要点	木材基本特性和主要加工性能
	树种中文名	树种拉丁名					
硬木松	北美短叶松 加勒比松 扭叶松 赤松 萌芽松 湿地松 岛松 卡西亚松 长叶松 海岸松 西黄松 辐射松 刚松 晚松 欧洲赤松 火炬松	*P. banksiana* *P. caribaea* *P. contorta* *P. densiflora* *P. echinata* *P. elliottii* *P. insularis* *P. kesiya* *P. palustris* *P. pinastor* *P. ponderosa* *P. radiate* *P. rigida* *P. serotina* *P. sylvestris* *P. taeda*	Hard pine, Lodgepole pine, Southern pine, Maritime pine, Ponderosa pine, Radiata pine, Scotch pine	松科 (Pinaceae)	亚洲、欧洲及北美洲	边材近白至淡黄、橙白色，心材明显，呈淡红褐色或浅褐色；含树脂多，生长轮清晰；早晚材过渡急变；薄壁组织及木射线不可见，有轴向和径向树脂道及明显的树脂气味；木材纹理直但不均匀	气干密度 0.5～0.7g/cm^3；强度中至较高；耐腐性中等，但防腐处理不易；干燥慢，干缩略大，加工较难，握钉力及胶黏性能好
软木松	乔松 红松 糖松 加洲山松 西伯利亚松 北美乔松	*P. griffithii* *P. koraiensis* *P. lambertiana* *P. monticola* *P. sibirica* *P. strobus*	Soft pine, Siberica pine	松科 (Pinaceae)	亚洲、欧洲及北美洲	边材浅红白色，心材淡褐微带红色，心材、边材区别明显，但无清晰的界限；生长轮清晰，早晚材过渡渐变；木射线不可见，有轴向和径向树脂道，多均匀分布在晚材带；木材纹理直而匀	气干密度 0.4～0.5g/cm^3；强度较低或至中等；不耐腐；干缩小，干燥快，且干后性质好；易加工，切面光滑，易钉钉，胶黏性能好
黄杉 （曾用名：花旗松）	北美黄杉 该种分为北部（含海岸型）与南部两类，北部产的木材强度较高，南部产的木材强度较低，使用时应加注意	*P. menziesii*	Douglas fir	松科 (Pinaceae)	北美洲	边材灰白至淡黄褐色，心材橘黄至浅橘红色，心边材界限分明；在原木截面上可见边材有一白色树脂圈；生长轮清晰，但不均匀；早晚材过渡急变；薄壁组织及木射线不可见；木材纹理直；有松脂香味	气干密度约 0.53g/cm^3；强度较高，但变化幅度较大，使用时除应注意区分产地外，还应限制其生长轮的平均宽度不应过大；耐腐性中；干燥性较好，干后不易开裂翘曲；易加工，握钉力良好，胶黏性能好

续表

木材名称	树种名称		国外商品材名称	科别	主要产地	木材识别要点	木材基本特性和主要加工性能
	树种中文名	树种拉丁名					
铁杉	加拿大铁杉 异叶铁杉 高山铁杉	*T. canadensis* *T. heteophylla* *T. metensiana*	Hemlock, Eastern hemlock, Western hemlock	松科 (Pinaceae)	北美洲	边材灰白至浅黄褐色,心材色略深,心材边材界限不分明。生长轮清晰,早晚材过渡渐变。薄壁组织不可见,无树脂道。新伐材有酸性气味,木材纹理直而匀	气干密度约 0.47g/cm³;强度中;不耐腐,且防腐处理难;干缩略大,干燥较慢;易加工、钉钉,胶黏性能良好

参考文献:中华人民共和国国家质量监督检验检疫总局.中国主要进口木材名称:GB/T 18513—2001 [S].北京:中国标准出版社,2001.

进口阔叶材 **表 2**

木材名称	树种名称		国外商品材名称	科别	主要产地	木材识别要点	木材基本特性和主要加工性能
	树种中文名	树种拉丁名					
孪叶苏木	孪叶苏木 剑叶孪叶苏木	*H. courbaril* *H. oblongifolia*	Jatoba,Courbaril, Jutai, Jatai,Algarrobo, Locust	苏木科 (Caesalpiniaceae)	中美洲、南美洲、加勒比及西印度群岛	边材白或浅灰色,略带浅红褐色,心材黄褐色至红褐色,有条纹,心材、边材区别明显;生长轮清晰,管孔分布不匀,呈单独状,含树胶;轴向薄壁组织呈轮界状、翼状或聚翼状,木射线多,径面有显著银光斑纹,弦面无波痕,有胞间道;木材有光泽,纹理直或交错	气干密度 0.88~0.96g/cm³;强度高;耐腐;干燥快,易加工
甘巴豆	甘巴豆	*malaccensis*	Kempas	苏木科 (Caesalpiniaceae)	马来西亚、印度尼西亚、文莱等	边材白色或浅黄色,心材新切面呈浅红色至砖红色,久变深橘红色;生长轮不清晰,管孔散生,分布较匀,有侵填体;轴向薄壁组织呈环管束状、似翼状或连续成段的窄带状,木射线可见,在径面呈斑纹,弦面呈波浪;无胞间道,木材有光泽,且有黄褐色条纹,纹理交错间有波状纹	气干密度 0.77~1.1g/cm³;强度高;耐腐;干缩小,干燥性质良好;加工难,钉钉易劈裂

续表

木材名称	树种名称		国外商品材名称	科别	主要产地	木材识别要点	木材基本特性和主要加工性能
	树种中文名	树种拉丁名					
紫心木	紫心苏木 巴西紫心苏木	*P. lecointei* *P. maranhensis*	Purpleheart, Amarante	苏木科 (Caesalpiniaceae)	热带南美	边材白色且有紫色条纹,心材为紫色,心材、边材区别明显;生长轮略清晰,管孔分布均匀,呈单独间或2～3个径列,偶见树胶;轴向薄壁组织呈翼状、聚翼状,间有断续带状;木射线色浅可见,径面有斑纹,弦面无波痕,无胞间道;木材有光泽,纹理直,间有波纹及交错纹	气干密度常大于0.8g/cm^3;强度高;耐腐,心材极难浸注;干燥快;加工难,钉钉易劈裂
异翅香	中脉异翅香 短柄异翅香	*A. costata* *A. curtisii*	Marsawa, Pengiran,Kra-bark	龙脑香科 (Dipterocarpaceae)	马来西亚、印度尼西亚、泰国等	边材浅黄色,心材浅黄褐色或淡红色,生材心材、边材区别不明显,久之心材色变深;生长轮不清晰;管孔呈单独、间或成对状,有侵填体;轴向薄壁组织呈环管状、环管束状或呈散状,木射线色浅可见,径面有斑纹,有胞间道;木材有光泽,纹理直或略交错,有时略有螺旋纹	气干密度约0.6g/cm^3;强度中;心材略耐腐,防腐处理难;干燥慢;加工难,胶黏性能良好
龙脑香(曾用名:克隆、阿必通)	龙脑香 大花龙脑香	*D. alatus* *D. grandiflorus*	Apitong,Keruing, Keroeing, Gurjun,Yang	龙脑香科 (Dipterocarpaceae)	菲律宾、马来西亚、泰国、印度、缅甸、老挝等	边材灰褐色至灰黄色或紫灰色,心材新切面为紫红色,久变深紫红褐色或浅红褐色,心边材区别明显;生长轮不清晰,管孔散生,分布不匀,无侵填体,含褐色树胶;轴向薄壁组织呈傍管型、离管型,周边薄壁组织存在于胞间道周围,呈翼状,木射线可见,有轴向胞间道,在横截面呈白点状	气干密度通常0.7～0.8g/cm^3;强度高;心材略耐腐,而边材不耐腐,防腐处理较易;干缩大且不匀,干燥较慢,易翘裂;加工难,易钉钉,胶黏性能良好
冰片香(曾用名:山樟)	黑冰片香	*D. fusca*	Kapur	龙脑香科 (Dipterocarpaceae)	马来西亚、印度尼西亚	边材浅黄褐色或略带粉红色,新切面心材为粉红色至深红色,久变为红褐色、深褐色或紫红褐色,心材、边材区别明显;生长轮不清晰,管孔呈单独体,分布匀,有侵填体;轴向薄壁组织呈傍管状或翼状;木射线少,有径面上的斑纹,弦面上的波痕;有轴向胞间道,呈白色点状、单独或断续的长弦列;木材有光泽,新切面有类似樟木的气味;纹理略交错至明显交错	气干密度约0.8g/cm^3;强度高;耐腐,但防腐处理难;干缩大,干燥缓慢,易劈裂;加工难,但钉钉不难,胶黏性能好

续表

木材名称	树种名称		国外商品材名称	科别	主要产地	木材识别要点	木材基本特性和主要加工性能
	树种中文名	树种拉丁名					
重坡垒	坚坡垒 俯重坡垒	*H. ferrea* *H. nutens*	Giam, Selangan, Thingan-net, Thakiam	龙脑香科(Dipterocarpaceae)	马来西亚等	材色浅褐色至黄褐色，久变深褐色，边材色浅，心材、边材易区别；生长轮不清晰，管孔散生，分布均匀；轴向薄壁组织呈环管束状、翼状或聚翼状，木射线可见，有轴向胞间道，在横截面呈点状或长弦列；木材纹理交错	强度高；耐腐，但防腐处理难；干缩较大，干燥较慢，易裂；加工较难，但加工后可得光滑的表面
重黄娑罗双（曾用名：梢木）	椭圆娑罗双 平滑娑罗双	*S. elliptica* *S. laevis*	Balau, Bangkirai, Selangan batu,	龙脑香科(Dipterocarpaceae)	马来西亚、印度尼西亚、泰国等	材色浅褐色至黄褐色，久变深褐色，边材色浅，心材、边材易区别；生长轮不清晰，管孔散生，分布均匀；轴向薄壁组织呈环管束状、翼状或聚翼状，木射线可见，有轴向胞间道，在横截面呈点状或长弦列；木材纹理交错	气干密度 0.85～1.15g/cm^3；强度高；耐腐，但防腐处理难；干缩较大，干燥较慢，易裂；加工较难，但加工后可得光滑的表面
重红娑罗双（曾用名：红梢）	胶状娑罗双 创伤娑罗双	*S. collina* *S. plagata*	Red balau, Gisok, Balau merah	龙脑香科(Dipterocarpaceae)	印度尼西亚、马来西亚、菲律宾	心材浅红褐色至深红褐色，与边材区别明显；生长轮不清晰，管孔散生，分布均匀；轴向薄壁组织呈环管束状、翼状或聚翼状，木射线可见，有轴向胞间道，在横截面呈点状或长弦列；木材纹理交错	气干密度 0.8～0.88g/cm^3；强度高；耐腐，但防腐处理难；干缩较大，干燥较慢，易裂；加工较难，但加工后可得光滑的表面
白娑罗双	云南娑罗双 白粉娑罗双 片状娑罗双	*S. assamica* *S. dealbata* *S. lamellata*	White meranti, Melapi, Meranti puteh	龙脑香科(Dipterocarpaceae)	印度尼西亚、马来西亚、泰国等	心材新伐时白色，久变浅黄褐色，边材色浅，心材、边材区别明显；生长轮不清晰，管孔散生，少数斜列，分布较匀；轴向薄壁组织多，木射线窄，仅见波痕，有胞间道，在横截面呈白点状、同心圆或长弦列；木材纹理交错	气干密度 0.5～0.9g/cm^3；强度中至高；不耐腐，防腐处理难；干缩中至略大，干燥快；加工易至难

续表

木材名称	树种名称		国外商品材名称	科别	主要产地	木材识别要点	木材基本特性和主要加工性能
	树种中文名	树种拉丁名					
黄娑罗双	法桂娑罗双 坡垒叶娑罗双 多花娑罗双	*Shorea* spp. *S. faguetiana* *S. hopeifolia* *S. multiflora*	Yellow meranti, Yellow seraya, Meranti putih	龙脑香科 (Dipterocarpaceae)	印度尼西亚、马来西亚、菲律宾	心材浅黄褐色或浅褐色带黄，边材新伐时亮黄色至浅黄褐色，心材、边材区别明显；生长轮不清晰，管孔散生，分布颇匀，有侵填体；轴向薄壁组织多，木射线细，有胞间道，在横截面呈白点状长弦列；木材纹理交错	气干密度 0.58～0.74g/cm³；强度中；耐腐中；易干燥；易加工、钉钉，胶黏性能良好
浅红娑罗双	毛叶娑罗双 广椭娑罗双 小叶娑罗双	*S. dasyphylla* *S. ovalis* *S. parvifolia*	Light red meranti, Red seraya, Meranti merah, Light red philippine mahogany	龙脑香科 (Dipterocarpaceae)	印度尼西亚、马来西亚、菲律宾等	心材浅红色至浅红褐色，边材色较浅，心边材区别明显；生长轮不清晰，管孔散生、斜列，分布匀，有侵填体；轴向薄壁组织呈傍管型、环管束状及翼状，少数聚翼状；木射线及跑间道同黄梅兰蒂；木材纹理交错	气干密度 0.39～0.75g/cm³；强度略低于深红娑罗双，其余性质同黄娑罗双
深红娑罗双	渐尖娑罗双 卵圆娑罗双	*S. acuminata* *S. ovata*	Dark red meranti, Meranti merah, Obar suluk	龙脑香科 (Dipterocarpaceae)	印度尼西亚、马来西亚、菲律宾等	边材桃红色，心材红至深红色，有时微紫，心材、边材区别略明显；生长轮不清晰，管孔散生、斜列，分布匀，偶见侵填体；木射线狭窄但可见，有胞间道，在横截面呈白点状长弦列；木材纹理交错	气干密度 0.56～0.86g/cm³；强度中；耐腐，但心材防腐处理难；干燥快；易加工、钉钉，胶黏性能良好
双龙瓣豆	马氏双龙瓣豆 紫双龙瓣豆	*D. martiusii* *D. purpurea*	Sucupira，Sapupira，Tatabu，Coeur pehors	蝶形花科 (Fabaceae)	巴西、圭亚那、苏里南、秘鲁等	边材灰白略带黄色，心材浅褐色至深褐色，心材、边材区别明显；生长轮略清晰，管孔分布均匀，呈单独状，轴向薄壁组织呈环管束状、聚翼状连接成断续窄带；木射线略细，径面有斑纹，弦面无波痕，无胞间道；木材光泽弱，手触有蜡质感，纹理直或不规则	气干密度通常大于0.9g/cm³，强度高，耐腐，加工难

续表

木材名称	树种名称		国外商品材名称	科别	主要产地	木材识别要点	木材基本特性和主要加工性能
	树种中文名	树种拉丁名					
海棠木	海棠木 大果海棠木	*C. inophyllum* *C. macrocarpum*	Bintangor, Bitaog, Bongnget, Tanghon, Mu-u, Santa maria	藤黄科 (Guttiferae)	中美及南美，泰国、缅甸、越南、菲律宾、马来西亚、印度尼西亚、巴布亚新几内亚	心材红或深红色，有时夹杂暗红色条纹，边材较浅，心材、边材区别明显；生长轮不清晰，管孔少；轴向薄壁组织呈带状，木射线细，径面上有斑纹，弦面无波痕，无胞间道；木材有光泽，纹理交错	气干密度0.6～0.74g/cm^3；强度低；耐腐；干缩较大，干燥慢，易翘曲；易加工，但加工时易起毛或撕裂，钉钉难，胶黏性能好
尼克樟	红尼克樟	*N. rubra*	Red louro	樟科 (Lauraceae)	圭亚那、巴西、苏里南、玻利维亚等	边材黄灰色至略带浅红灰色，心材略带浅红褐色至红褐色，心材、边材区别不明显；生长轮不清晰，管孔分布颇匀，呈单独或2～3个径列，有侵填体；轴向薄壁组织呈环管状、环管束状或翼状，木射线略少，无胞间道；木材略有光泽，纹理直，间有螺旋状	气干密度0.64～0.77g/cm^3；强度中；耐腐，但防腐处理难；易干燥、加工，胶黏性能良好
绿心樟	绿心樟	*O. rodiaei*	Greenheart	樟科 (Lauraceae)	圭亚那、苏里南、委内瑞拉及巴西等	边材浅黄白色，心材浅黄绿色，有光泽，心材、边材区别不明显；生长轮不清晰，管孔分布匀，呈单独或2～3个径列，含树胶；轴向薄壁组织呈管束状、环管状或星散状；木射线细色浅，放大镜下见径面斑纹，弦面无波痕，无胞间道；木材纹理直或交错	气干密度大于0.97g/cm^3。强度高；耐腐；干燥难，端面易劈裂，但翘曲小；加工难，钉钉易劈，胶黏性能好
蟹木楝	大花蟹木楝 圭亚那蟹木楝	*C. grandiflora* *C. guianensis*	Crabwood, Andiroba, Indian crabwood, Uganda crabwood	楝科 (Meliaceaae)	非洲、中美洲、南美洲及东南亚	木材深褐色至黑褐色，心材较边材略深，心材、边材区别不明显；生长轮清晰，管孔分布较匀，呈单独或2～3个径列，含深色侵填体；轴向薄壁组织呈环管状或轮界状，木射线略多，径面有斑纹，弦面无波痕，无胞间道；木材径面有光泽，纹理直或略交错	气干密度0.65～0.72g/cm^3；强度中；耐腐中；干缩中；易加工，钉钉易裂，胶黏性能良好

续表

木材名称	树种名称		国外商品材名称	科别	主要产地	木材识别要点	木材基本特性和主要加工性能
	树种中文名	树种拉丁名					
筒状非洲楝（曾用名：沙比利）	筒状非洲楝	*E. cylindricum*	Sapele，Aboudikro，Sapelli-Mahagoni	楝科（Meliaceaae）	西非、中非及东非	边材浅黄色或灰白色，心材为深红色或深紫色，心材、边材区别明显；生长轮清晰，管孔呈单独、短径列、径列或斜径列；薄壁组织呈轮界状、环管状或宽带状；木射线细不明显，径面有规则的条状花纹或断续短条纹；木材具有香椿似的气味，纹理交错	气干密度 0.61～0.67/cm^3；强度中；耐腐中；易干燥；易加工、钉钉，胶黏性能良好
腺瘤豆	腺瘤豆	*P. africanum*	Dabema，Dahoma，Ekhimi，Toum，Kabari	含羞草科（Mimosaceae）	热带非洲	边材灰白色，心材浅黄灰褐色至黄褐色，心材、边材区别明显；生长轮清晰；管孔呈单独或 2～4 个径列，有树胶；轴向薄壁组织呈不连续的轮界状、管束状、翼状和聚翼状；木射线细但可见；木材新切面有难闻的气味，纹理较直或交错	气干密度约 0.7g/cm^3；强度中；耐腐；干燥缓慢，变形大；易加工、钉钉，胶黏性能良好
椴木	心形椴 大叶椴	*T. cordata* *T. plalyphyiios*	Basswood，Lime，Linden，Common lime	椴树科（Tiliaceae）	北美洲、欧洲及亚洲	木材白色略带浅红色，心材、边材区别不明显；生长轮略清晰，管孔略小；木射线在径面有斑纹；木材纹理直	气干密度 0.42～0.56g/cm^3；强度低；不耐腐，但易防腐处理；易干燥，且干后性质好；易加工，加工后切面光滑
印茄木（曾用名：菠萝格）	印茄 帕利印茄 微凹印茄	*I. bijuga* *I. palembanica* *I. retusa*	Merbau，Mirabow，Ipil，Djumelai，Salumpho，Kwila，Gonuo，Komu	苏木科（Caesalpiniaceae）	东南亚，斐济、澳大利亚等	心材褐色至红褐色，与边材区别明显	气干密度约 0.8g/cm^3。强度中至强；耐腐，防腐处理难；干燥较慢；易加工

参考文献：中华人民共和国国家质量监督检验检疫总局．中国主要进口木材名称：GB/T 18513—2001 [S]．北京：中国标准出版社，2001.

附录4 木材天然耐腐性和抗蚁性

我国主要针叶材的天然耐腐性　　表1

耐腐等级	名称	拉丁名称
强耐腐	柏木	*Cupressus funebris*
	柳杉(心材)	*Cryptomeria fortunei*
	福建柏	*Fokienia hodginsii*
	银杏	*Ginkgo biloba*
	兴安落叶松	*Larix gmelinii*
	西伯利亚落叶松	*Larix sibirica*
	黄花落叶松	*Larix olgensis*
	红杉	*Larix potaninii*
	广东松	*Pinus kwangtungensis*
	侧柏	*Platycladus orientalis*
	圆柏	*Sabina chinensis*
	红豆杉	*Taxus chinensis*
	榧树	*Torreya grandis*
耐腐	云南铁杉	*Tsuga dumosa*
	杉木	*Cunninghamia lanceolata*
	油杉	*Keteleeria fortunei*
	华山松	*Pinus armandi*
	赤松	*Pinus densiflora*
	红松	*Pinus koraiensis*
	马尾松	*Pinus massoniana*

续表

耐腐等级	名称	拉丁名称
强耐腐	樟子松	*Pinus sylvestris*
	黄山松	*Pinus taiwanensis*
	罗汉松	*Podocarpus macrophyllus*
	金钱松	*Pseudolarix amabilis*
稍耐腐	岷江冷杉	*Abies faxoniana*
	雪松	*Cedrus deodara*
	麦吊云杉	*Picea brachytyla*
	红皮云杉	*Picea koraiensis*
	丽江云杉	*Picea likiangensis*
	油松	*Pinus tabulaeformis*
不耐腐	杉松冷杉	*Abies holophylla*
	臭冷杉	*Abies nephrolepis*
	水杉	*Metasequois glyptostroboieds*
	云杉	*Picea asperata*
	鳞皮云杉	*Picea retroflexa*
	西伯利亚云杉	*Picea obovata*

我国主要阔叶材的天然耐腐性 **表 2**

耐腐等级	名称	拉丁名称
强耐腐	细子龙	*Amesiodendron chinense*（Merr.）Hu
	铁刀木	*Cassia siamea*
	高山锥	*Castanopsis delavayi*
	红锥	*Castanopsis hystrix*
	苦槠	*Castanopsissclerophylla*
	滇楸	*Catalpa fargesii* Bur. *f. duclouxii*(Dode)Gilmour

续表

耐腐等级	名称	拉丁名称
强耐腐	香樟	*Cinnamomum camphora*
	福建青冈	*Cyclobalanopsis chungii*
	大叶青冈	*Cyclobalanopsis jenseniana*
	厚缘青冈	*Cyclobalanopsis thorelii*（Hick. *et* A. Camus）Hu
	火绳树	*Eriolaena spectabilis*
	赤桉	*Eucalyptus camaldulensis*
	蚬木	*Excetrodendron hsiemvu*
	云南石梓	*Gmelina arborea*
	母生	*Homalium hainanensis*
	坡垒	*Hopea hainanensis* Merr. *et* Chun
	荔枝	*Litchi chinensis*
	茸果柯	*Lithocarpus bacgiangensis*（Hickel & A. Camus）A. Camus
	瘤果柯	*Lithocarpus handelianus* A. Camus
	海南紫荆木(海南子京)	*Madhuca hainanensis*
	绿兰	*Manglietia hainanensis*
	毛桃木莲	*Manglietia kwangtungensis*
	毛苦梓	*Michilia balansae*
	桑木	*Morus alba* L.
	缘毛红豆	*Ormosia howii*
	望天树	*Parashorea chinensis*
	紫油木	*Pistacia weinmannifolia*
	小叶栎	*Quercus chenii*
	白栎	*Querus fabri*
	刺槐	*Robinia pseudoacacia*

续表

耐腐等级	名称	拉丁名称
强耐腐	槐树	*Sophora japonica*
	柚木	*Tectona grandis*
	青皮	*Vatica astrotricha*
	枣木	*Zizyphus jujuba*
耐腐	甜槠	*Castanopsis eyrei*
	南岭锥	*Castanopsis fordii*
	海南锥	*Castanopsis hainanensis*
	吊皮锥	*Castanopsis kawakamii*
	鹿角锥	*Castanopsis lamontii*
	扁刺锥（丝栗）	*Castanopsis platyacantha*
	大叶锥	*Castanopsis tibetana*
	毛麻楝	*Chukrasia tabularis*
	黄樟	*Cinnamomun porrectum*
	竹叶青冈	*Cyclobalanopsis bambusaefolia*
	黄杞	*Engelhardtia roxburghiana*
	野桉	*Eucalyptus rudis*
	水曲柳	*Fraxinus mandshurica*
	核桃楸	*Juglans mandshurica*
	苦楝	*Melia azedarach*
	川楝	*Melia toosendan*
	黄波罗（黄柏、黄檗）	*Phellodendron amurense*
	麻栎	*Quercus acutissma*
	高山栎	*Quercus aquifolioides*
	柞木	*Quercus mongolica*

续表

耐腐等级	名称	拉丁名称
耐腐	红楮赤桉	*Sassafras Tzumu*
	暴马丁香	*Syringa reticulata*
	海南榄仁(鸡尖)	*Terminalia hainanensis*
	红椿	*Toona sureni*
	大叶相思	*Acacia auriculiformis*
	相思树	*Acacia confusa*
	黄棉木	*Adina polycephala*
	合欢	*Albizia julibrissin*
	山合欢	*Albizia kalkora*
	黑格	*Albizia odoratissima*
	油丹	*Alseodaphne hainanensis*
	阳桃(杨桃)	*Averrhoa carambola*
	楸枫	*Bischofia javanica*
	茅栗	*Castanea seguinii*
稍耐腐	楹树	*Albizia chinensis*
	南洋楹	*Albizia faJcata*
	喜树	*Camptotheca acuminata*
	罗浮锥	*Castanopsis fabri*
	木麻黄	*Casuarina equisetifolia*
	南岭黄檀	*Dalbergia balansae*
	白蜡树	*Fraximus chinensis*
	皂荚	*Gleditsia sinensis*
	拐枣	*Hovenia dulcis*
	木莲	*Manglietia fordiana*
	米老排	*Mytilaria laosensis*

续表

耐腐等级	名称	拉丁名称
稍耐腐	五列木	*Pentaphylax euryoides*
	水石梓	*Sarcosperma laurinum*
	荷木	*Schima superba*
	半枫荷	*Semiliquidambar cathayensis* Hung T. Chang
	大叶山矾(灰木)	*Symplocos grandis* Hand. -Mazz.
	线枝蒲桃	*Syzygium araiocladum*
	密叶蒲桃	*Syzygium chunianum*
	裂叶榆	*Ulmus laciniata*
不耐腐	臭椿	*Ailanthus altissma*
	拟赤杨	*Alniphyllum fortumei*
	辽东桤木	*Alnus sibirica*
	江南桤木	*Alnus trabeculosa*
	硕桦	*Betula costata*
	白桦	*Betula platyphylla*
	糙皮桦	*Betula utilis*
	米槠	*Castanopsis carlesli*
	短刺锥	*Castanopsis echidnocarpa*
	黧蒴锥	*Castanopsis fissa*
	淋漓锥	*Castanopsis uraiana*
	大叶桉	*Eucalyptus robusta*
	石栎	*Lithocarpus glaber*
	山杨	*Populus davidiana*
	毛白杨	*Populus tomentosa*
	大青杨	*Populus ussuriensis*
	白叶安息香	*Styrax hypoglauca*
	紫椴	*Tilia amurensis*

我国主要针叶材的天然抗蚁蛀性 **表 3**

抗蚁蛀等级	名称	拉丁名称
强抗蚁蛀	柳杉(心材)	*Cupressus funebris*
	柏木	*Cryptomeria fortunei*
	福建柏	*Fokienia hodginsii*
	侧柏	*PlatycJadus orientalis*
抗蚁蛀	水松	*Glyptostrobus pensilis*
	华南五针松(广东松)	*Pinus kwangtungensis*
稍抗蚁蛀	银杏	*Ginkgo biloba*
	油杉	*Keteleeria hainanensis*
	兴安落叶松	*Larix gmelinii*
	红杉	*Larix potaninii*
	水杉	*Metasequoia glyptostroboides*
	红松	*Pinus koraiensis*
	金钱松	*Pseudolarix amabilis*
不抗蚁蛀	川西云杉	*Picea balfouriana*
	鱼鳞云杉	*Picea hcziebsis*
	丽江云杉	*Picea likiangensis*
	马尾松	*Pinus massoniana*
	油松	*Pinus tabulaeformis*
	云南松	*Pinus yunnancnsis*

我国主要阔叶材的天然抗蚁蛀性 **表 4**

抗蚁蛀等级	名称	拉丁名称
强抗蚁蛀	黑格	*Albizia odoratissima*
	油丹	*Alseodaphne hainanensis*
	铁刀木	*Cassia siamea*

续表

抗蚁蛀等级	名称	拉丁名称
强抗蚁蛀	毛麻楝	*Chukrasia tabularis*
	赤桉	*Eucalyptus camaldulensis*
	柠檬桉	*Eucalyptus citriodora*
	蚬木	*Excetrodendron hsiemvu*
	母生	*Homalium hainanensis*
	海南子京	*Madhuca hainanensis*
	望天树	*Parashorea chinesis*
	刺槐	*Robinia pseudoacacia*
	檫木	*Sassafras Tzumu*
	槐树	*Sophora japonica*
	柚木	*Tectona grandis*
	红椿	*Toona sureni*
	枣木	*Zizyphus jujuba*
抗蚁蛀	喜树	*Camptotheca acuminata*
	红锥	*Castanopsis hystrix*
	苦槠	*Castnopsis sclerophylla*
	滇楸	*Catalpa fargesii* Bur. *f. duclouxii* (Dode)Gilmour
	香樟	*Cinnamomum camphora*
	大叶青冈	*Cyclobalanopsis jenseniana*
	南岭黄檀	*Dalbergia balansae*
	杨梅叶蚊母树	*Distylium myricoides*
	青兰	*Dracocephalum ruyschiana*
	窿缘桉	*Eucalyptus exserta*
	石梓	*Gmelina arborea*
	银桦	*Grevillea robusta*

续表

抗蚁蛀等级	名称	拉丁名称
抗蚁蛀	硬叶椆	*Lithocarpus lohangwa*
	苦楝	*Melia azedarach*
	川楝	*Melia toosendan*
	桑木	*Morus alba*
	闽楠	*Phoebe bournei*
	麻栎	*Quercus acutissma*
	紫茎	*Stewartia sinensis*
稍抗蚁蛀	楹树	*Albizia chinensis*
	南洋楹	*Albizia falcata*
	山合欢	*Albizia kalkora*
	硕桦	*Betula costata*
	米槠	*Castanopsis carlesli*
	甜槠	*Castanopsis eyrei*
	栲树	*Castanopsis fargesii*
	罴蒴锥	*Castanopsis fissa*
	鹿角锥	*Castanopsis lamontii*
	蓝桉	*Eucalyptus globulus*
	枫香	*Liquidambar formosana*
	木莲	*Manglietia fordiana*
	楸叶泡桐	*Paulownia elongata*
	兰考泡桐	*Paulownia elongata*
	五列木	*Pentaphylax euryoides*
	苦木	*Picrasnia quassioides*
	荷木	*Schima superba*
	裂叶榆	*Ulmus laciniata*

续表

抗蚁蛀等级	名称	拉丁名称
不抗蚁蛀	臭椿	*Ailanthus altissma*
	拟赤杨	*Alniphyllum fortumei*
	西南桤木	*Alnus cremastogyne*
	扁刺锥(丝栗)	*Castanopsis platyacantha*
	柿树	*Diospyros kaki*
	黄杞	*Engelhardtia roxburghiana*
	皂荚	*Gleditsia sinensis*
	刨花楠	*Maehilus pauhoi*
	泡桐	*Paulownia*
	山杨	*Populus davidiana*
	辽杨	*Populus maximowiczii* A. Henry
	毛白杨	*Populus tomentosa*
	大叶山矾(灰木)	*Symplocos grandis* Hand. -Mazz.
	酸枣	*Ziziphus jujuba*

进口针叶材的天然耐腐性 **表 5**

耐腐等级	名称	拉丁名称	产地
强耐腐	阿拉斯加扁柏	*Chamaecyparis nootkatensis*	北美洲
	欧洲红豆杉	*Taxus bauata*	欧洲
	北美红崖柏	*Thuja plicata*	北美洲
耐腐	加勒比松	*Pinus caribaea*	中美洲
	南方松 萌芽松 湿地松 长叶松 火炬松	 *Pinus echinata* *Pinus elliottii* *Pinus palustris* *Pinus taeda*	北美洲、中美洲
	北美黄杉（花旗松）	*Pseudotsuga menziesii*	北美洲

续表

耐腐等级	名称	拉丁名称	产地
稍耐腐	欧洲冷杉 北美冷杉	*Abies alba* *Abies grandis*	欧洲、北美洲
	贝壳杉	*Agthis dammara*	澳大利亚、新西兰、 马来西亚、巴布亚新几内亚
	日本落叶松	*Larix kaempferi*(Lamb.)*Carr.*	日本
	欧洲云杉	*Picea abies*	欧洲
	扭叶松	*Pinus contorta*	北美洲
	欧洲黑松	*Pinusnigra*	东南欧、英国
	海岸松	*Piuns pinaster*	西南欧、南欧
	北美乔松	*Pinus strobus*	北美洲
	欧洲赤松	*Pinus sylvestris*	欧洲
	西黄松	*Pinus ponderosa*	北美洲
不耐腐	窄叶南洋杉	*Araucaria angustifolia*	巴西
	日本柳杉	*Cyptomeria japonica*	东亚
	西加云杉	*Picea sitchensis*	北美洲
	加拿大铁杉 异叶铁杉 高山铁杉	*Tsuga canadensis* *Tsuga heteophylla* *Tsuga metensiana*	北美洲
	辐射松	*Pinus radiata*	巴西、智利、澳大利亚、新西兰、南非

进口阔叶材的天然耐腐性 **表6**

耐腐等级	名称	拉丁名称	产地
强耐腐	红桉(边缘桉)	*Eucalyptus marginata*	澳大利亚
	良木芸香	*Euxylophora paraensis*	南美洲
	印茄木(菠萝格)	*Intsia bijuga*	东南亚、巴布几内亚
	曼森梧桐	*Mansonia altissima*	非洲西部

续表

耐腐等级	名称	拉丁名称	产地
强耐腐	狄氏黄胆木	*Nauclea diderrchii*	非洲西部
	绿心樟	*Ocotea* spp.	南美洲
	大美木豆	*Pericopsis elata*	非洲西部
	非洲紫檀	*Pterocarpus soyauxii*	非洲西部
	柚木	*Tectona grandis*	亚洲
耐腐	劈裂洋椿 香洋椿	*Cedrela fissilis* *Cedrela odorata*	中美洲、南美洲
	孪叶苏木	*Hymenaea courbaril*	中美洲、南美洲、加勒比、西印度群岛
	马氏双龙瓣豆 紫双龙瓣豆	*Diplotropis martiusii* *Diplotropis purpurea*	南美洲
	紫心苏木 巴西紫心苏木	*Peltogyne lecointei* *Peltogyne maranhensis*	南美洲
	红尼克樟	*Nectandra rubra*	南美洲
	甘巴豆	*Koompassia malaccensis*	东南亚
	冰片香	*Dryobalanops fusca*	东南亚
	红桉(异色桉)	*Eucalyptus diversicolor*	澳大利亚
	腺瘤豆	*Piptadeniastrum africanum*	非洲
	香脂苏木	*Gossweilerodendron balsamiferum*	非洲西部
	甘巴豆(俗称:金不换)	*Koompassia malaccensis*	东南亚
	胶状娑罗双 创伤娑罗双	*Shorea collina* *Shorea plagata*	东南亚
	平滑娑罗双 椭圆娑罗双	*Shorea laevis* *Shorea elliptica*	东南亚
	渐尖娑罗双 卵圆娑罗双	*Shorea acuminata* *Shorea ovata*	东南亚
	坚坡垒 俯重坡垒	*Hopea ferrea* *Hopea nutens*	东南亚

续表

耐腐等级	名称	拉丁名称	产地
耐腐	翼红铁木	*Lophira alata*	非洲西部
	大叶桃花心木	*Swietenia macrophylla*	中美洲、南美洲、加勒比
	美洲白栎	*Quercus alba*	北美洲
	欧洲栎 岩生栎	*Quercus robur* *Quercus petraea*	欧洲
稍耐腐	奥古曼(奥克榄)	*Aucoumea klaineana*	非洲西部
	筒状非洲楝(沙比利)	*Entandrophragma cylindricum*	非洲西部、中部、东部
	海棠木 大果海棠木	*Calophyllum inophyllum* *Calophyllum macrocarpum*	东南亚、巴布亚新几内亚
	光皮山核桃 鳞皮山核桃	*Carya cathayensis*	北美洲
	龙脑香(克隆木、阿必通)	*Dipterocarpus*	东南亚
	大花蟹木楝 圭亚那蟹木楝	*Carapa grandiflora* *Carapa guianensis*	非洲、中美洲、南美洲、东南亚
	爪哇银叶树 单叶银叶树	*Heritiera javanica* *Heritera simplicifolia*	东南亚
	中脉异翅香 短柄异翅香	*Anisoptera costata* *Anisoptera curtisii*	东南亚
	非洲银叶树	*Heritiera utilis*	非洲西部
	黑核桃	*Juglans nigra*	北美洲
	番龙眼	*Pometia pinnata*	东南亚、巴布亚新几内亚
	苦栎	*Quercus cerris*	欧洲
	镰状栎 红栎 舒氏红栎	*Quercus cerris* *Quercus rubra* *Quercus shumardii*	北美洲
	法桂娑罗双 坡垒叶娑罗双 多花娑罗双	*Shorea* spp. *Shorea faguetiana* *Shorea hopeifolia*	东南亚

续表

耐腐等级	名称	拉丁名称	产地
稍耐腐	毛叶娑罗双 广椭娑罗双 小叶娑罗双	*Shorea dasyphylla* *Shorea ovalis* *Shorea parvifolia*	东南亚
	山榆 英国榆 平榆	*Ulmus laevis* *Ulmus procera* *Ulmus glabra*	欧洲
不耐腐	黄桦	*Betula alleghaniensis*	北美洲
	北美白桦	*Betula papyrifera*	北美洲
	欧洲桦	*Betula pubescens*	欧洲
	棱柱木	*Gonystylus bancanus*(Mig.)Kurz	东南亚
	云南娑罗双 白粉娑罗双 片状娑罗双	*Shorea assamica* *Shorea dealbata* *Shorea lamellata*	东南亚
	蓝桉	*Eucalyptus globulus*	欧洲
	山毛榉(欧洲榉木、欧洲水青冈)	*Fagus sylvatica*	欧洲
	欧洲白蜡木	*Fraxinus excelsior*	欧洲
	银白杨 箭杆杨 灰杨	*Populus alba* *Populus nigracv* *Populus pruinosa*	欧洲
	红木棉	*Rhodognaphalon brevicuspe*	非洲
	心形椴 大叶椴	*Tilia cordata* *Tilia plalyphyiios*	欧洲、北美洲、亚洲
	白梧桐	*Triplochitin scleroxylon*	非洲西部

进口针叶材的天然抗蚁蛀性 **表 7**

抗蚁蛀等级	名称	拉丁名称	产地
中等耐蚁蛀	加勒比松	*Pinus caribaea*	中美洲
	南方松 萌芽松 湿地松 长叶松 火炬松	*Pinus echinata* *Pinus elliottii* *Pinus palustris* *Pinus taeda*	北美洲、中美洲

续表

抗蚁蛀等级	名称	拉丁名称	产地
不耐蚁蛀	欧洲冷杉 北美冷杉	*Abies alba* *Abies grandis*	欧洲、北美洲
	贝壳杉	*Agathis dammara*	澳大利亚、新西兰、 马来西亚、巴布亚新几内亚
	窄叶南洋杉	*Araucaria angustifolia*	巴西
	阿拉斯加扁柏	*Chamaecyparis nootkatensis*	北美洲
	日本柳杉	*Cyptomeria japonica*	东亚
	日本落叶松	*Larix kaempferi*(Lamb.)Carr.	日本
	欧洲云杉	*Picea abies*	欧洲
	西加云杉	*Picea sitchensis*	北美洲
	扭叶松	*Pinus contorta*	北美洲
	欧洲黑松	*Pinusnigra*	东南欧、英国
	海岸松	*Piuns pinaster*	西南欧、南欧
	辐射松	*Pinus radiata*	巴西、智利、澳大利亚、新西兰、南非
	北美乔松	*Pinus strobus*	北美洲
	欧洲赤松	*Pinus sylvestris*	欧洲
	北美黄杉(花旗松)	*Pseudotsuga menziesii*	欧洲
	北美红崖柏	*Thuja plicata*	北美洲
	加拿大铁杉 异叶铁杉 高山铁杉	*Tsuga canadensis* *Tsuga heteophylla* *Tsuga metensiana*	北美洲

进口阔叶材的天然抗蚁蛀性 **表 8**

抗蚁蛀等级	名称	拉丁名称	产地
耐蚁蛀	良木芸香	*Euxylophora paraensis*	南美洲
	翼红铁木	*Lophira alata*	非洲西部
	曼森梧桐	*Mansonia altissima*	非洲西部

续表

抗蚁蛀等级	名称	拉丁名称	产地
耐蚁蛀	狄氏黄胆木	*Nauclea diderrchii*	非洲西部
	绿心樟	*Ocotea* spp.	南美洲
	大美木豆	*Pericopsis elata*	非洲西部
	非洲紫檀	*Pterocarpus soyauxii*	非洲西部
	法桂娑罗双 坡垒叶娑罗双 多花娑罗双	*Shorea* spp. *Shorea faguetiana* *Shorea hopeifolia*	东南亚
中等耐蚁蛀	海棠木 大果海棠木	*Calophyllum inophyllum* *Calophyllum macrocarpum*	东南亚、巴布亚新几内亚
	劈裂洋椿 香洋椿	*Cedrela fJssilis* *Cedrela odorata*	中美洲、南美洲
	红桉(边缘桉)	*Eucalyptus marginata*	澳大利亚
	非洲银叶树	*Heritiera utilis*	非洲西部
	印茄木(菠萝格)	*Intsia bijuga*	东南亚、巴布几内亚
	番龙眼	*Pometia pinnata*	东南亚、巴布亚新几内亚
	美洲白栎	*Quercus alba*	北美洲
	苦栎	*Quercus cerris*	欧洲
	欧洲栎 岩生栎	*Quercus robur* *Quercus petraea*	欧洲
	胶状娑罗双 创伤娑罗双	*Shorea collina* *Shorea plagata*	东南亚
	柚木	*Tectona grandis*	亚洲
不耐蚁蛀	奥古曼(奥克榄)	*Aucoumea klaineana*	非洲西部
	黄桦	*Betula alleghaniensis*	北美洲
	北美白桦	*Betula papyrifera*	北美洲
	欧洲桦	*Betula pubescens*	欧洲
	光皮山核桃 鳞皮山核桃	*Carya cathayensis*	北美洲
	甘巴豆	*Koompassia malaccensis*	东南亚
	邦卡棱柱木	*Conystylus bancanus*	东南亚
	龙脑香(克隆木、阿必通)	*Dipterocarpus*	东南亚

续表

抗蚁蛀等级	名称	拉丁名称	产地
不耐蚁蛀	蓝桉	*Eucalyptus globulus*	欧洲
	山毛榉(欧洲榉木、欧洲水青冈)	*Fagus sylvatica*	欧洲
	欧洲白蜡木	*Fraxinus excelsior*	欧洲
	香脂苏木	*Gossweilerodendron balsamiferum*	非洲西部
	爪哇银叶树 单叶银叶树	*Heritiera javanica* *Heritera simplicifolia*	东南亚
	甘巴豆(俗称:金不换)	*Koompassia majaccensis*	东南亚
	银白杨 箭杆杨 灰杨	*Populus alba* *Populus nigracv* *Populus pruinosa*	欧洲
	镰状栎 红栎 舒氏红栎	*Quercus cerris* *Quercus rubra* *Quercus shumardii*	北美洲
	红木棉	*Rhodognaphalon brevicuspe*	非洲
	大叶桃花心木	*Swietenia macrophylla*	中美洲、南美洲、加勒比
	心形椴木	*Tilia cordata*	欧洲
	白梧桐	*Triplochiton scleroxylon Triplochiton Scleroxylon*	非洲西部
	山榆 英国榆 平榆	*Ulmus laevis* *Ulmus procera* *Ulmus glabra*	欧洲

参考文献：马星霞，蒋明亮，李志强．木材生物降解与保护［M］．北京：中国林业出版社，2011.

附录 5 结构用木材强度等级

常用针叶树种木材强度等级 **表 1**

强度等级	组别	适 用 树 种
TC17	A	柏木、长叶松、湿地松、粗皮落叶松
	B	东北落叶松、欧洲赤松、欧洲落叶松

续表

强度等级	组别	适　用　树　种
TC15	A	铁杉、油杉、太平洋海岸黄柏、花旗松—落叶松、西部铁杉、南方松
	B	鱼鳞云杉、西南云杉、南亚松
TC13	A	油松、西伯利亚落叶松、云南松、马尾松、扭叶松、北美落叶松、海岸松
	B	红皮云杉、丽江云杉、樟子松、红松、西加云杉、欧洲云杉、北美山地云杉、北美短叶松
TC11	A	西北云杉、西伯利亚云杉、西黄松、云杉—松—冷杉、铁—冷杉、加拿大铁杉、杉木
	B	冷杉、速生杉木、速生马尾松、新西兰辐射松、日本柳杉

常用阔叶树种木材强度等级　　表 2

强度等级	适　用　树　种
TB20	青冈、椆木、甘巴豆、冰片香、重黄娑罗双、重坡垒、龙脑香、绿心樟、紫心木、孪叶苏木、双龙瓣豆
TB17	栎木、腺瘤豆、筒状非洲楝 蟹木楝、深红默罗藤黄木
TB15	锥栗、槐木、桦木、黄娑罗双、异翅香、水曲柳、红尼克樟
TB13	深红娑罗双、浅红娑罗双、白娑罗双、海棠木
TB11	大叶椴、心形椴

说　　明

1. 国产木材

（1）东北落叶松类包括兴安落叶松和黄花落叶松。

（2）铁杉类包括铁杉、云南铁杉及丽江铁杉。

（3）西南云杉类包括麦吊云杉、油麦吊云杉、巴秦云杉及产于四川西部的紫果云杉和云杉。

（4）西北云杉类包括产于甘肃、青海的紫果云杉和云杉。

（5）红松类包括红松、华山松、广东松、台湾果松及海南五针松。

（6）冷杉类包括各地区产的冷杉属木材，有苍山冷杉、冷杉、岷江冷杉、杉松冷杉、臭冷杉、长苞冷杉等。

（7）栎木类包括麻栎、槲栎、柞木、小叶栎、辽东栎、枹栎、栓皮栎等。

（8）青冈类包括青冈、小叶青冈、竹叶青冈、细叶青冈、盘壳青冈、滇青冈、福建青冈、黄青冈等。

（9）椆木类包括柄果椆、包椆、石栎、茸毛椆等。

（10）锥栗类包括红锥、米槠、苦槠、罗浮锥、大叶锥、栲树、南岭锥、高山锥、吊皮锥、甜槠等。

（11）桦木类包括白桦、硕桦、西南桦、红桦、棘皮桦等。

2. 进口木材

（1）花旗松—落叶松类包括北美黄杉、粗皮落叶松。

（2）铁—冷杉类包括加州红冷杉、巨冷杉、大冷杉、太平洋银冷杉、西部铁杉、白冷杉等。

（3）铁—冷杉类（北部）包括太平洋冷杉、西部铁杉。

（4）南方松类包括火炬松、长叶松、短叶松、湿地松。

（5）云杉—松—冷杉类包括落基山冷杉、香脂冷杉、黑云杉、北美山地云杉、北美短叶松、扭叶松、红果云杉、白云杉。

（6）俄罗斯落叶松包括西伯利亚落叶松。

方木、原木强度设计值和弹性模量　单位：N/mm^2　　**表 3**

强度等级	组别	抗弯 f_m	顺纹抗压及承压 f_c	顺纹抗拉 f_t	顺纹抗剪 f_v	横纹承压 $f_{c,90}$			弹性模量 E
						全表面	局部表面和齿面	拉力螺栓垫板下	
TC17	A	17	16	10	1.7	2.3	3.5	4.6	10000
	B		15	9.5	1.6				
TC15	A	15	13	9.0	1.6	2.1	3.1	4.2	10000
	B		12	9.0	1.5				
TC13	A	13	12	8.5	1.5	1.9	2.9	3.8	10000
	B		10	8.0	1.4				9000
TC11	A	11	10	7.5	1.4	1.8	2.7	3.6	9000
	B		10	7.0	1.2				
TB20	—	20	18	12	2.8	4.2	6.3	8.4	12000
TB17	—	17	16	11	2.4	3.8	5.7	7.6	11000

续表

强度等级	组别	抗弯 f_m	顺纹抗压及承压 f_c	顺纹抗拉 f_t	顺纹抗剪 f_v	横纹承压 $f_{c,90}$			弹性模量 E
						全表面	局部表面和齿面	拉力螺栓垫板下	
TB15	—	15	14	10	2.0	3.1	4.7	6.2	10000
TB13	—	13	12	9.0	1.4	2.4	3.6	4.8	8000
TB11	—	11	10	8.0	1.3	2.1	3.2	4.1	7000

方木原木防火设计时的强度标准值和弹性模量　单位：N/mm²　表 4

强度等级	组别	抗弯 f_{mk}	顺纹抗压 f_{ck}	顺纹抗拉 f_{tk}	弹性模量 E
TC17	A	38	32	27	10000
	B		30	26	
TC15	A	33	26	24	10000
	B		24	24	
TC13	A	29	24	23	10000
	B		20	22	9000
TC11	A	24	20	20	9000
	B		20	19	
TB20	—	44	36	32	12000
TB17	—	38	32	30	11000
TB15	—	33	28	27	10000
TB13	—	29	24	24	8000
TB11	—	24	20	22	7000

参考文献：中华人民共和国住房和城乡建设部，中华人民共和国国家质量监督检验检疫总局. 木结构设计标准：GB 50005—2017 [S]. 北京：中国建筑工业出版社，2017.

附录 6　结构规格材

结构规格材截面尺寸表　表 1

厚度 40mm 系列/(mm×m)	40×40	40×65	40×90	40×115	40×140	40×185	40×235	40×285

续表

厚度 65mm 系列/(mm×mm)	—	65×65	65×90	65×115	65×140	65×185	65×235	65×285
厚度 90mm 系列/(mm×mm)	—	—	90×90	90×115	90×140	90×185	90×235	90×285

速生树种结构规格材截面尺寸表 **表 2**

厚度 45mm 系列/(mm×mm)	45×75	45×90	45×140	45×190	45×240	45×290

国产树种目测分级规格材强度设计值和弹性模量 **表 3**

树种名称	材质等级	截面最大尺寸/mm	强度设计值/(N/mm²)					弹性模量 E /(N/mm²)
			抗弯 f_m	顺纹抗压 f_c	顺纹抗拉 f_t	顺纹抗剪 f_v	横纹承压 $f_{c,90}$	
杉木	Ⅰ$_c$	285	9.5	11.0	6.5	1.2	4.0	10000
	Ⅱ$_c$		8.0	10.5	6.0	1.2	4.0	9500
	Ⅲ$_c$		8.0	10.0	5.0	1.2	4.0	9500
兴安落叶松	Ⅰ$_c$	285	11.0	15.5	5.1	1.6	5.3	13000
	Ⅱ$_c$		6.0	13.3	3.9	1.6	5.3	12000
	Ⅲ$_c$		6.0	11.4	2.1	1.6	5.3	12000
	Ⅳ$_c$		5.0	9.0	2.0	1.6	5.3	11000

进口北美地区目测分级规格材强度设计值和弹性模量 **表 4**

树种名称	材质等级	截面最大尺寸/mm	强度设计值/(N/mm²)					弹性模量 E /(N/mm²)
			抗弯 f_m	顺纹抗压 f_c	顺纹抗拉 f_t	顺纹抗剪 f_v	横纹承压 $f_{c,90}$	
花旗松—落叶松类(美国)	Ⅰ$_c$	285	18.1	16.1	8.7	1.8	7.2	13000
	Ⅱ$_c$		12.1	13.8	5.7	1.8	7.2	12000
	Ⅲ$_c$		9.4	12.3	4.1	1.8	7.2	11000
	Ⅳ$_c$、Ⅳ$_{cl}$		5.4	7.1	2.4	1.8	7.2	9700
	Ⅱ$_{cl}$	90	10.0	15.4	4.3	1.8	7.2	10000
	Ⅲ$_{cl}$		5.6	12.7	2.4	1.8	7.2	9300

续表

树种名称	材质等级	截面最大尺寸/mm	强度设计值/(N/mm²)					弹性模量 E /(N/mm²)
			抗弯 f_m	顺纹抗压 f_c	顺纹抗拉 f_t	顺纹抗剪 f_v	横纹承压 $f_{c.90}$	
花旗松—落叶松类（加拿大）	Ⅰ$_c$	285	14.8	17.0	6.7	1.8	7.2	13000
	Ⅱ$_c$		10.0	14.6	4.5	1.8	7.2	12000
	Ⅲ$_c$		8.0	13.0	3.4	1.8	7.2	11000
	Ⅳ$_c$、Ⅳ$_{cl}$		4.6	7.5	1.9	1.8	7.2	10000
	Ⅱ$_{cl}$	90	8.4	16.0	3.6	1.8	7.2	10000
	Ⅲ$_{cl}$		4.7	13.0	2.0	1.8	7.2	9400
铁—冷杉类（美国）	Ⅰ$_c$	285	15.9	14.3	7.9	1.5	4.7	11000
	Ⅱ$_c$		10.7	12.6	5.2	1.5	4.7	10000
	Ⅲ$_c$		8.4	12.0	3.9	1.5	4.7	9300
	Ⅳ$_c$、Ⅳ$_{cl}$		4.9	6.7	2.2	1.5	4.7	8300
	Ⅱ$_{cl}$	90	8.9	14.3	4.1	1.5	4.7	9000
	Ⅲ$_{cl}$		5.0	12.0	2.3	1.5	4.7	8000
铁—冷杉类（加拿大）	Ⅰ$_c$	285	14.8	15.7	6.3	1.5	4.7	12000
	Ⅱ$_c$		10.8	14.0	4.5	1.5	4.7	11000
	Ⅲ$_c$		9.6	13.0	3.7	1.5	4.7	11000
	Ⅳ$_c$、Ⅳ$_{cl}$		5.6	7.7	2.2	1.5	4.7	10000
	Ⅱ$_{cl}$	90	10.2	16.1	4.0	1.5	4.7	10000
	Ⅲ$_{cl}$		5.7	13.7	2.2	1.5	4.7	9400
南方松	Ⅰ$_c$	285	16.2	15.7	10.2	1.8	6.5	12000
	Ⅱ$_c$		10.6	13.4	6.2	1.8	6.5	11000
	Ⅲ$_c$		7.8	11.8	2.1	1.8	6.5	9700
	Ⅳ$_c$、Ⅳ$_{cl}$		4.5	6.8	3.9	1.8	6.5	8700
	Ⅱ$_{cl}$	90	8.3	14.8	3.9	1.8	6.5	9200
	Ⅲ$_{cl}$		4.7	12.1	2.2	1.8	6.5	8300

续表

树种名称	材质等级	截面最大尺寸/mm	强度设计值/(N/mm²)					弹性模量 E /(N/mm²)
			抗弯 f_m	顺纹抗压 f_c	顺纹抗拉 f_t	顺纹抗剪 f_v	横纹承压 $f_{c.90}$	
云杉—松—冷杉类	Ⅰ$_c$	285	13.4	13.0	5.7	1.4	4.9	10500
	Ⅱ$_c$		9.8	11.5	4.0	1.4	4.9	10000
	Ⅲ$_c$		8.7	10.9	3.2	1.4	4.9	9500
	Ⅳ$_c$、Ⅳ$_{cl}$		5.0	6.3	1.9	1.4	4.9	8500
	Ⅱ$_{cl}$	90	9.2	13.2	3.4	1.4	4.9	9000
	Ⅲ$_{cl}$		5.1	11.2	1.9	1.4	4.9	8100
其他北美针叶材树种	Ⅰ$_c$	285	10.0	14.5	3.7	1.4	3.9	8100
	Ⅱ$_c$		7.2	12.1	2.7	1.4	3.9	7600
	Ⅲ$_c$		6.1	10.1	2.2	1.4	3.9	7000
	Ⅳ$_c$、Ⅳ$_{cl}$		3.5	5.9	1.3	1.4	3.9	6400
	Ⅱ$_{cl}$	90	6.5	13.0	2.3	1.4	3.9	6700
	Ⅲ$_{cl}$		3.6	10.4	1.3	1.4	3.9	6100

注：当荷载作用方向垂直于规格材宽面时，表中抗弯强度应乘以《木结构设计标准》GB 50005—2017 中表 4.3.9-4 规定的平放调整系数。

北美地区进口机械分级规格材强度设计值和弹性模量　单位：N/mm² **表 5**

强度等级	强度设计值					弹性模量 E
	抗弯 f_m	顺纹抗压 f_c	顺纹抗拉 f_t	顺纹抗剪 f_v	横纹承压 $f_{c.90}$	
2850F_b-2.3E	28.3	19.7	20.0	—	—	15900
2700F_b-2.2E	26.8	19.2	18.7	—	—	15200
2550F_b-2.1E	25.3	18.5	17.8	—	—	14500
2400F_b-2.0E	23.8	18.1	16.7	—	—	13800
2250F_b-1.9E	22.3	17.6	15.2	—	—	13100
2100F_b-1.8E	20.8	17.2	13.7	—	—	12400
1950F_b-1.7E	19.4	16.5	11.9	—	—	11700
1800F_b-1.6E	17.9	16.0	10.2	—	—	11000
1650F_b-1.5E	16.4	15.6	8.9	—	—	10300
1500F_b-1.4E	14.5	15.3	7.4	—	—	9700

续表

强度等级	强度设计值					弹性模量 E
	抗弯 f_m	顺纹抗压 f_c	顺纹抗拉 f_t	顺纹抗剪 f_v	横纹承压 $f_{c,90}$	
1450F_b-1.3E	14.0	15.0	6.6	—	—	9000
1350F_b-1.3E	13.0	14.8	6.2	—	—	9000
1200F_b-1.2E	11.6	12.9	5.0	—	—	8300
900F_b-1.0E	8.7	9.7	2.9	—	—	6900

注：（1）表中机械分级规格材的横纹承压强度设计值和顺纹抗剪强度设计值，应按《木结构设计标准》GB 50005—2017 中表 D.2.1 中的相同树种或树种组合的横纹承压和顺纹抗剪强度设计值确定。

（2）当荷载作用方向垂直于规格材宽面时，表中抗弯强度应乘以《木结构设计标准》GB 50005—2017 中表 4.3.9-4 规定的平放调整系数。

北美地区目测分级规格材材质等级与 GB 50005 的对应关系 **表 6**

本规范规格材等级		北美规格材等级			截面最大尺寸/mm
分类	等级	Structural Light Framing & Structural Joists And Planks	Studs	Light Framing	
A	$Ⅰ_c$	Select structural	—	—	285
	$Ⅱ_c$	No. 1	—	—	
	$Ⅲ_c$	No. 2	—	—	
	$Ⅳ_c$	No. 3	—	—	
B	$Ⅳ_{cl}$	—	Stud	—	
C	$Ⅱ_{cl}$	—	—	Construction	90
	$Ⅲ_{cl}$	—	—	Standard	

附录 7　结构用集成材/平行胶合木

层板胶合木适用树种分级表 **表 1**

树种级别	适用树种及树种组合名称
SZ1	南方松、花旗松—落叶松、欧洲落叶松以及其他符合本强度等级的树种

续表

树种级别	适用树种及树种组合名称
SZ2	欧洲云杉、东北落叶松以及其他符合本强度等级的树种
SZ3	阿拉斯加黄扁柏、铁—冷杉、西部铁杉、欧洲赤松、樟子松以及其他符合本强度等级的树种
SZ4	鱼鳞云杉、云杉—松—冷杉以及其他符合本强度等级的树种

注：表中花旗松—落叶松、铁—冷杉产地为北美地区，南方松产地为美国。

对称异等组合胶合木的强度设计值和弹性模量　单位：N/mm²　表 2

强度等级	抗弯 f_m	顺纹抗压 f_c	顺纹抗拉 f_t	弹性模量 E
$TC_{YD}40$	27.9	21.8	16.7	14000
$TC_{YD}36$	25.1	19.7	14.8	12500
$TC_{YD}32$	22.3	17.6	13.0	11000
$TC_{YD}28$	19.5	15.5	11.1	9500
$TC_{YD}24$	16.7	13.4	9.9	8000

注：当荷载的作用方向与层板窄边垂直时，抗弯强度设计值 f_m 应乘以 0.7 的系数，弹性模量 E 应乘以 0.9 的系数。

非对称异等组合胶合木的强度设计值和弹性模量　单位：N/mm²　表 3

强度等级	抗弯 f_m		顺纹抗压 f_c	顺纹抗拉 f_t	弹性模量 E
	正弯曲	负弯曲			
$TC_{YF}38$	26.5	19.5	21.1	15.5	13000
$TC_{YF}34$	23.7	17.4	18.3	13.6	11500
$TC_{YF}31$	21.6	16.0	16.9	12.4	10500
$TC_{YF}27$	18.8	13.9	14.8	11.1	9000
$TC_{YF}23$	16.0	11.8	12.0	9.3	6500

注：当荷载的作用方向与层板窄边垂直时，抗弯强度设计值 f_m 应采用正向弯曲强度设计值，并乘以 0.7 的系数，弹性模量 E 应乘以 0.9 的系数。

同等组合胶合木的强度设计值　单位：N/mm²　表 4

强度等级	抗弯 f_m	顺纹抗压 f_c	顺纹抗拉 f_t	弹性模量 E
TC_T40	27.9	23.2	17.9	12500
TC_T36	25.1	21.1	16.1	11000

续表

强度等级	抗弯 f_m	顺纹抗压 f_c	顺纹抗拉 f_t	弹性模量 E
TC_T32	22.3	19.0	14.2	9500
TC_T28	19.5	16.9	12.4	8000
TC_T24	16.7	14.8	10.5	6500

胶合木构件顺纹抗剪强度设计值　单位：N/mm²　　**表 5**

树种级别	顺纹抗剪强度设计值 f_v
SZ1	2.2
SZ2、SZ3	2.0
SZ4	1.8

胶合木构件横纹承压强度设计值　单位：N/mm²　　**表 6**

树种级别	局部横纹承压强度设计值 $f_{c,90}$		全表面横纹承压强度设计值 $f_{c,90}$
	构件中间承压	构件端部承压	
SZ1	7.5	6.0	3.0
SZ2、SZ3	6.2	5.0	2.5
SZ4	5.0	4.0	2.0
承压位置示意图	构件中间承压	构件端部承压 a h ① 当 $h \geq 100$mm 时，$a \leq 100$mm ② 当 $h < 100$mm 时，$a \leq h$	构件全表面承压

附录8　结构用木材力学性能调整系数

不同使用条件下木材强度设计值和弹性模量的调整系数　　表1

使用条件	调整系数	
	强度设计值	弹性模量
露天环境	0.9	0.85
长期生产性高温环境，木材表面温度达40～50℃	0.8	0.8
按恒荷载验算时	0.8	0.8
用于木构筑物时	0.9	1.0
施工和维修时的短暂情况	1.2	1.0

注：1. 当仅有恒荷载或恒荷载产生的内力超过全部荷载所产生的内力的80%时，应单独以恒荷载进行验算。
2. 当若干条件同时出现时，表列各系数应连乘。

不同设计工作年限时木材强度设计值和弹性模量的调整系数　　表2

使用条件	调整系数	
	强度设计值	弹性模量
5年	1.10	1.10
25年	1.05	1.05
50年	1.00	1.00
100年及以上	0.90	0.90

目测分级规格材尺寸调整系数　　表3

等级	截面高度/mm	抗弯强度		顺纹抗压强度	顺纹抗拉强度	其他强度
		截面宽度/mm				
		40和65	90			
I_c、II_c、III_c、IV_c、IV_{c1}	≤90	1.5	1.5	1.15	1.5	1.0

续表

等级	截面高度/mm	抗弯强度		顺纹抗压强度	顺纹抗拉强度	其他强度
		截面宽度/mm				
		40 和 65	90			
$Ⅰ_c$、$Ⅱ_c$、$Ⅲ_c$、$Ⅳ_c$、$Ⅳ_{c1}$	115	1.4	1.4	1.1	1.4	1.0
	140	1.3	1.3	1.1	1.3	1.0
	185	1.2	1.2	1.05	1.2	1.0
	235	1.1	1.2	1.0	1.1	1.0
	285	1.0	1.1	1.0	1.0	1.0
$Ⅱ_{c1}$、$Ⅲ_{c1}$	≤90	1.0	1.0	1.0	1.0	1.0

平放调整系数 **表 4**

截面高度 h/mm	截面宽度 b/mm					
	40 和 65	90	115	140	185	≥235
h≤65	1.00	1.10	1.10	1.15	1.15	1.20
65<h≤90	—	1.00	1.05	1.05	1.05	1.10

注：当截面宽度与表中尺寸不同时，可按插值法确定平放调整系数。

雪荷载、风荷载作用下强度设计值和弹性模量的调整系数 **表 5**

使用条件	调整系数	
	强度设计值	弹性模量
当雪荷载作用时	0.83	1.0
当风荷载作用时	0.91	1.0

附录 9　结构用木质复合材（SCL）

单板层积材（LVL）力学性能特征值指标　单位：MPa　　**表 1**

强度等级	弹性模量 E	抗弯强度 f_b	顺纹抗拉 f_t	顺纹抗压 $f_{c//}$	顺纹平行抗剪 f_v	横纹平行抗压 $f_{c\perp}$
8E-33f	8.0×10^3	33.0	22.0	24.0	4.8	6.2
10E-33f	10.0×10^3	33.0	22.0	26.0	4.8	6.6
12E-38f	12.0×10^3	38.0	25.0	32.0	6.2	8.0
13E-38f	13.0×10^3	38.0	25.0	34.0	6.2	8.0
14E-42f	14.0×10^3	42.0	28.0	36.0	6.2	8.8
15E-45f	15.0×10^3	45.0	32.0	39.0	6.2	9.8

注：1. 顺纹平行抗剪和横纹平行抗压是指施加载荷方向与试件胶层平行的顺纹抗剪和横纹抗压。

2. 表中数值为样本需达到的特征值。

参考文献：国家市场监督管理总局，中国国家标准化管理委员会．木结构用单板层积材：GB/T 36408—2018 [S]. 北京：中国标准出版社，2018.

单板条层积材（PSL）力学性能特征值指标　单位：MPa　　**表 2**

等级	弹性模量 E	顺纹抗拉 f_t	顺纹抗压 f_c	平行加载			垂直加载		
				抗弯 $f_{b//}$	顺纹抗剪 $f_{v//}$	横纹抗压 $f_{c\perp}$	抗弯 $f_{b\perp}$	顺纹抗剪 $f_{v//}$	横纹抗压 $f_{c\perp}$
$M_{EP}8$	8.0×10^3	32	35	44	5	8	42	5	5
$M_{EP}10$	10.0×10^3	34	38	49	5	9	46	6	6
$M_{EP}12$	12.0×10^3	45	50	64	8	12	62	7	8
$M_{EP}13$	13.0×10^3	50	56	72	10	14	69	8	9
$M_{EP}14$	14.0×10^3	56	62	80	12	15	77	8	10
$M_{EP}15$	15.0×10^3	61	68	88	13	17	85	9	10

注：1. 根据构件受力方向进行弹性模量分等，产品标识需包括弹性模量的加载方向。

2. 当评估产品生产工艺对顺纹抗剪强度的影响时，应采用足尺试件按《结构用木质复合材产品力学性能评定》GB/T 28986—2012 附录 B 进行 L-Y 平面内顺纹抗剪强度测试。

参考文献：国家林业局．单板条层积材：LY/T 2916—2017 [S]. 北京：中国标准出版社，2017.

附录 10　木梁规格表

1　说明

乡村木结构的体量一般较小，且平面布置简单、规则，偏心较小，平面连续，无较大凹凸和开洞。在构件之间有可靠连接的前提下，可参考本附录方法选择木梁截面，对于木结构设计使用年限、荷载和材料等条件与本附录不同的，也可参考本附录方法对木梁截面进行验算，或选择合适梁截面。

2　极限状态

根据我国《木结构设计标准》GB 50005—2017 要求，木梁应按承载能力极限状态和正常使用极限状态分别进行验算。乡村木结构一般均为普通房屋，建筑物破坏后的后果为“严重”，故按设计使用年限按 50 年、建筑结构的安全等级按二级进行验算。

2.1　承载能力极限状态

对于承载能力极限状态，结构构件应按荷载效应的基本组合，采用下列极限状态设计表达式进行验算：

$$\gamma_0 S_d \leqslant R_d$$

式中：

γ_0——结构重要性系数，应按现行国家标准《建筑结构可靠性设计统一标准》GB 50068—2018 的相关规定选用，对于二级结构可取 1.0；

S_d——承载能力极限状态下作用组合的效应设计值，应按现行国家标准《建筑结构荷载规范》GB 50009 进行组合；

R_d——结构或结构构件的抗力设计值。

其中基本组合的效应设计值可按下式中最不利值确定：

$$S_d = S(\sum_{i\geqslant 1}\gamma_{G_i}G_{ik} + \gamma_{Q_1}\gamma_{L_1}Q_{1k} + \sum_{j>1}\gamma_{Q_j}\varphi_{cj}\gamma_{L_j}Q_{jk})$$

式中：

$S(\cdot)$ ——作用组合的效应函数；

G_{ik}——第 i 个永久作用的标准值；

Q_{1k}——第 1 个可变作用的标准值；

Q_{jk}——第 j 个可变作用的标准值；

γ_{G_i}——第 i 个永久作用的分项系数，可取 1.3；

γ_{Q_1}——第 1 个可变作用的分项系数，可取 1.5；

γ_{Q_j}——第 j 个可变作用的分项系数，可取 1.5；

γ_{L_1}、γ_{L_j}——第 1 个和第 j 个考虑结构设计使用年限的荷载调整系数，对于结构设计使用年限为 50 年的结构，均取 1.0；

φ_{cj}——第 j 个可变作用的组合值系数，应按《建筑结构荷载规范》GB 50009—2012 的规定采用。

2.2 正常使用极限状态

对正常使用极限状态，结构构件应按荷载效应的标准组合，采用下列极限状态设计表达式进行验算：

$$S_d \leqslant C$$

式中：

S_d——正常使用极限状态下作用组合的效应设计值；

C——设计对变形、裂缝等规定的相应限值。

其中标准组合的效应设计值按下式中最不利值确定：

$$S_d = S(\sum_{i\geqslant 1}G_{ik} + Q_{1k} + \sum_{j>1}\varphi_{cj}Q_{jk})$$

式中：

$S(\cdot)$ ——作用组合的效应函数；

G_{ik}——第 i 个永久作用的标准值；

Q_{1k}——第 1 个可变作用的标准值；

Q_{jk}——第 j 个可变作用的标准值；

φ_{cj}——第 j 个可变作用的组合值系数，应按《建筑结构荷载规范》GB 50009—2012 的规定采用。

3 验算参数取值

3.1 材料强度设计值和弹性模量

结合我国木结构材料市场现状，选择方木原木和胶合木结构各一种结构材产品进行验算。

1）方木原木

选取杉木进行验算，按我国《木结构设计标准》GB 50005—2017，杉木属于 TC11A 等级。其与木梁强度验算相关的强度设计值和弹性模量分别为：抗弯抗弯强度 11MPa，顺纹抗剪强度 1.8MPa，弹性模量 9000MPa。

2）同等组合胶合木

选取强度等级为 TC_T24 的同等组合胶合木进行验算。其与木梁强度验算相关的强度设计值和弹性模量分别为：抗弯强度 16.7MPa，弹性模量 6500MPa。抗剪切强度与树种有关，此处仅按 SZ4 进行验算，取 1.8MPa。

3.2 挠度限值

根据我国《木结构设计标准》GB 50005—2017，受弯构件的挠度限值与木梁的类别有关，对于楼盖梁，其挠度限值为跨度的 1/250，对于屋盖梁，无粉刷吊顶时的挠度限值为跨度的 1/180。

3.3 荷载

1）永久荷载

对木梁进行验算时，考虑的永久荷载主要为楼面和屋面的自重。木结构楼面和屋面不铺设混凝土面层、无粉刷吊顶时自重较轻，可按 0.5kN/m^2 进行验算。

2）可变荷载

楼面活荷载的标准值和组合系数与建筑物或房间的类别有关。对于乡村建筑，可按 3 个级别进行验算，组合系数均取 0.7：

2.0kN/m^2：适用于住宅、宿舍、旅馆、办公楼、阅览室、会议室、门诊室、民居厨房，以及一般建筑的走廊、门厅和楼梯；

2.5kN/m^2：适用于教室、食堂、餐厅、一般资料档案室、浴室、卫生间、盥洗室、办公楼餐厅和门诊部的走廊和门厅，一般建筑物的阳台；

3.5kN/m^2：适用于商店、展览厅、教学楼及其他可能出现人流密集的走廊、门厅和阳台。

屋面活荷载分为上人的屋面和不上人的屋面。不上人屋面活荷载取值为 0.5kN/m^2，不与雪荷载和风荷载同时组合，上人的屋面活荷载为 2.0kN/m^2。

暂不考虑屋面雪荷载和风荷载。

4 截面验算算例

如图 1 所示，一座设计使用年限为 50 年，安全等级为二级的木结构民居，其卧室中的主梁跨度为 4800mm，梁间距为 2400mm，当选用截面为 180mm×280mm 杉木时，能否满足规范要求？

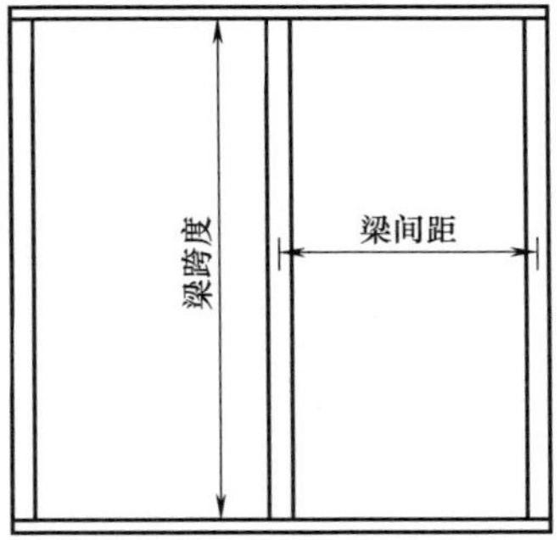

图 1 梁跨度及间距示意图

1）荷载归集

如前所述，对于设计使用年限为 50 年、安全等级为二级的木结构民居，楼面恒荷载可按 0.5kN/m^2、楼面活荷载可按 2.0kN/m^2 进行验算。其中恒荷载的分项系数取 1.3，活荷载分项系数取 1.5。考虑结构设计使用年限的荷载调整系数取 1.0。

木梁可以简化为均布线荷载作用下的简支梁，按荷载基本组合计算的木梁线荷载为：

$$q_d = \gamma_{G_i} G_{ik} + \gamma_{Q_1} \gamma_{L_1} Q_{1k} = (1.3 \times 0.5 + 1.5 \times 1.0 \times 2.0) \times 2.4 = 8.76\text{kN/m}$$

按荷载标准组合计算的木梁线荷载为：

$$q_k = \sum_{i \geqslant 1} G_{ik} + Q_{1k} = (0.5 + 2.0) \times 2.4 = 6.0\text{kN/m}$$

2）受弯承载能力验算

按《木结构设计标准》GB 50005—2017，受弯构件的受弯承载能力应按下式验算：

$$\frac{M}{W_\text{n}} \leqslant f_\text{m}$$

式中：

f_m——构件材料的抗弯强度设计值（N/mm^2）；

M——受弯构件弯矩设计值（N·mm）；

W_n——受弯构件的净截面抵抗矩（mm^3）。

$$\frac{M}{W_\text{n}} = \gamma_0 \frac{q_d l^2}{8} \bigg/ \frac{bh^2}{6} = \frac{1.0 \times 8.76 \times 4800^2}{8} \frac{6}{180 \times 280^2} = 10.7\text{MPa} < f_\text{m} = 11\text{MPa}$$

满足规范要求。

3）受剪承载能力验算

按《木结构设计标准》GB 50005—2017，受弯构件的受剪承载能力应按下式验算：

$$\frac{VS}{Ib} \leqslant f_v$$

式中：

f_v——构件材料的顺纹抗剪强度设计值（N/mm^2）；

V——受弯构件剪力设计值（N）；

I——构件的全截面惯性矩（mm^4）；

b——构件的截面宽度（mm）；

S——剪切面以上的截面面积对中性轴的面积矩（mm^3）。

$$\frac{VS}{Ib} = \frac{\gamma_0 3 q_d l}{3bh} = \frac{1.0 \times 3 \times 8.76 \times 4800}{4 \times 180 \times 280} = 0.63\text{MPa} < f_v = 1.8\text{MPa}$$

满足规范要求。

4）挠度验算

按《木结构设计标准》GB 50005—2017，受弯构件跨中挠度可按下式验算：

$$\omega \leqslant [\omega]$$

式中：

ω——构件按荷载效应标准组合计算的挠度（mm）；

$[\omega]$——受弯构件的挠度限值（mm）。

$$\omega = \frac{5ql^4}{384EI} = \frac{5 \times 6.0 \times 4800^3 \times 12 \times l}{384 \times 180 \times 280^3 \times 9000} = \frac{l}{343} < [\omega] = \frac{l}{250}$$

满足规范要求。

5）挠度验算

综合考虑受弯承能力、受剪承载能力和跨中挠度，截面为 180mm×280mm 杉木梁可作为本例主梁使用。

5 楼盖梁选择表

按上述方法对乡村木结构楼盖和屋盖木梁进行设计验算，得到了不同宽度系列木梁的截面高度值，列于后文表中。表内包含了楼盖和屋盖两种不同的用途、杉木和同等组合胶合木两类产品，每种产品又按不同的活荷载水平（对应不同的使用场景）给出了3个宽度系列木材在不同的梁跨和梁间距时的建议截面尺寸值。

在使用该表时需注意以下几点：

（1）本表适用的建筑结构使用年限为50年；

（2）本表适用的建筑结构的安全等级为2级；

（3）楼面恒荷载按0.5kN/m^{2}估计，并考虑了各种不同的活荷载；

（4）屋面恒荷载按0.5kN/m^{2}估计，考虑了不上人屋面活荷载，不考虑雪荷载和风荷载；

（5）当屋面为上人屋面时，可近似按楼盖梁进行验算；

（6）木梁的间距和跨度见图2，当木梁的间距及房间形状不规则时，可按木梁分担的面积大致估算木梁承担的荷载；

（7）验算过程中未考虑木梁的侧向失稳，因此当木梁截面高宽比较大时，应在两个支座处设置防止其侧向位移和侧倾的侧向支承，且在木梁上侧应铺设檩条或木板等构件，起到侧向支撑的作用。

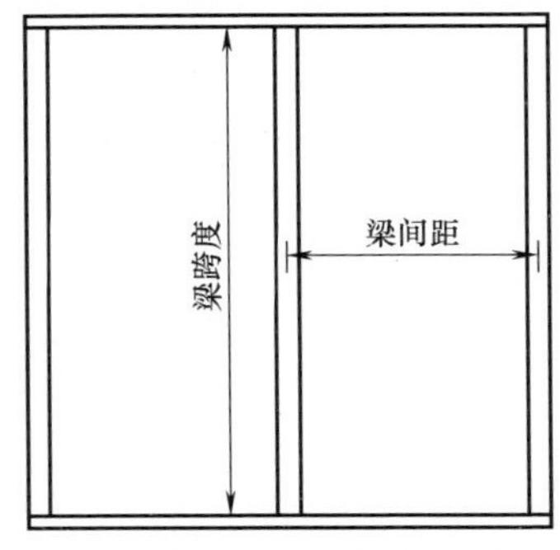

图2　梁跨度及间距示意图

5.1　楼盖梁选择表

5.1.1　杉木

楼盖梁高选择表：杉木，等级为TC11A，120宽系列，活荷载＝2.0kN/m^2　　**表1**

楼盖梁：恒荷载＝0.5kN/m^2																		
梁宽：120		梁间距/mm																
		1200	1500	1800	2100	2400	2700	3000	3300	3600	3900	4200	4500	4800	5100	5400	5700	6000
梁跨/mm	1500	80	90	100	100	110	120	120	130	130	140	140	150	150	160	160	170	170
	1800	90	110	110	120	130	140	150	150	160	170	170	180	180	190	200	200	210
	2400	120	140	150	160	170	180	190	200	210	220	230	240	240	250	260	270	270
	2700	140	160	170	180	200	210	220	230	240	250	260	270	270	280	290	300	310
	3000	150	170	190	200	220	230	240	250	260	270	280	290	300	310	320	330	340
	3300	170	190	210	220	240	250	270	280	290	300	310	320	330	340	350	360	370
	3600	180	210	220	240	260	270	290	300	320	330	340	350	360	380	390	400	410
	3900	200	220	240	260	280	300	310	330	340	360	370	380	390	410	420	430	440

续表

楼盖梁:恒荷载=0.5kN/m²																		
梁宽:120		梁间距/mm																
		1200	1500	1800	2100	2400	2700	3000	3300	3600	3900	4200	4500	4800	5100	5400	5700	6000
梁跨/mm	4200	210	240	260	280	300	320	340	350	370	380	400	410	420	440	450	460	470
	4500	230	260	280	300	320	340	360	380	390	410	420	440	450	470	480	490	510
	4800	240	270	300	320	340	360	380	400	420	440	450	470	480	500	510	530	540
	5100	260	290	320	340	360	390	410	430	450	460	480	500	510	530	540	560	570
	5400	270	310	330	360	390	410	430	450	470	490	510	530	540	560	580	590	610
	5700	290	320	350	380	410	430	450	480	500	520	540	560	570	590	610	620	640
	6000	300	340	370	400	430	450	480	500	520	540	560	580	600	620	640	660	670

楼盖梁高选择表：杉木，等级为 TC11A，150 宽系列，活荷载=2.0kN/m² **表 2**

楼盖梁:恒荷载=0.5kN/m²																		
梁宽:150		梁间距/mm																
		1200	1500	1800	2100	2400	2700	3000	3300	3600	3900	4200	4500	4800	5100	5400	5700	6000
梁跨/mm	1500	70	80	90	90	100	110	110	120	120	130	130	130	140	140	150	150	150
	1800	90	90	100	110	120	130	130	140	140	150	160	160	170	170	180	180	180
	2400	110	120	140	150	160	170	170	180	190	200	210	210	220	230	230	240	240
	2700	130	140	150	160	180	190	200	200	210	220	230	240	250	250	260	270	270
	3000	140	150	170	180	190	210	220	230	240	250	260	260	270	280	290	300	300
	3300	150	170	190	200	210	230	240	250	260	270	280	290	300	310	320	330	330
	3600	170	180	200	220	230	250	260	270	280	290	310	320	330	340	350	360	360
	3900	180	200	220	240	250	270	280	290	310	320	330	340	350	360	370	380	390
	4200	190	210	230	250	270	290	300	320	330	340	360	370	380	390	400	410	420
	4500	210	230	250	270	290	310	320	340	350	370	380	390	410	420	430	440	450
	4800	220	240	270	290	310	330	340	360	380	390	410	420	430	450	460	470	480

续表

楼盖梁:恒荷载=0.5kN/m²																		
梁宽:150		梁间距/mm																
		1200	1500	1800	2100	2400	2700	3000	3300	3600	3900	4200	4500	4800	5100	5400	5700	6000
梁跨/mm	5100	230	260	280	310	330	350	360	380	400	420	430	450	460	470	490	500	510
	5400	250	270	300	320	350	370	390	400	420	440	460	470	490	500	520	530	540
	5700	260	290	320	340	360	390	410	430	450	460	480	500	510	530	540	560	570
	6000	270	300	330	360	380	410	430	450	470	490	510	520	540	560	570	590	600

楼盖梁高选择表：杉木，等级为 TC11A，180 宽系列，活荷载=2.0kN/m² **表 3**

楼盖梁:恒荷载=0.5kN/m²																		
梁宽:180		梁间距/mm																
		1200	1500	1800	2100	2400	2700	3000	3300	3600	3900	4200	4500	4800	5100	5400	5700	6000
梁跨/mm	1500	70	70	80	90	90	100	100	110	110	120	120	120	130	130	130	140	140
	1800	80	90	90	100	110	110	120	130	130	140	140	150	150	160	160	160	170
	2400	100	110	120	130	140	150	160	170	170	180	190	190	200	210	210	220	220
	2700	120	130	140	150	160	170	180	190	200	200	210	220	220	230	240	240	250
	3000	130	140	150	170	180	190	200	210	220	230	230	240	250	260	260	270	280
	3300	140	160	170	180	200	210	220	230	240	250	260	270	270	280	290	300	310
	3600	150	170	180	200	210	220	240	250	260	270	280	290	300	310	320	320	330
	3900	170	180	200	220	230	240	260	270	280	290	300	310	320	330	340	350	360
	4200	180	200	210	230	250	260	280	290	300	310	330	340	350	360	370	380	390
	4500	190	210	230	250	260	280	290	310	320	340	350	360	370	380	390	400	410
	4800	200	220	240	260	280	300	310	330	340	360	370	380	400	410	420	430	440
	5100	220	240	260	280	300	320	330	350	360	380	390	410	420	430	450	460	470
	5400	230	250	270	300	320	330	350	370	390	400	420	430	440	460	470	480	500
	5700	240	260	290	310	330	350	370	390	410	420	440	450	470	480	500	510	520
	6000	250	280	300	330	350	370	390	410	430	450	460	480	490	510	520	540	550

楼盖梁高选择表：杉木，等级为 TC11A，120 宽系列，活荷载=2.5kN/m^2　　表 4

楼盖梁：恒荷载=0.5kN/m^2

梁宽:120		梁间距/mm																
		1200	1500	1800	2100	2400	2700	3000	3300	3600	3900	4200	4500	4800	5100	5400	5700	6000
梁跨/mm	1500	90	100	110	110	120	130	130	140	150	150	160	160	170	170	180	180	190
	1800	100	120	130	140	140	150	160	170	180	180	190	200	200	210	210	220	230
	2400	140	150	170	180	190	200	210	220	230	240	250	260	270	280	280	290	300
	2700	150	170	190	200	210	230	240	250	260	270	280	290	300	310	320	330	340
	3000	170	190	210	220	240	250	260	280	290	300	310	320	330	340	350	360	370
	3300	190	210	230	240	260	280	290	300	320	330	340	360	370	380	390	400	410
	3600	200	230	250	270	280	300	320	330	350	360	370	390	400	410	420	430	450
	3900	220	240	270	290	310	330	340	360	370	390	400	420	430	450	460	470	480
	4200	240	260	290	310	330	350	370	390	400	420	440	450	470	480	490	510	520
	4500	250	280	310	330	350	370	390	410	430	450	470	480	500	510	530	540	560
	4800	270	300	330	350	380	400	420	440	460	480	500	510	530	550	560	580	590
	5100	280	320	350	370	400	420	450	470	490	510	530	550	560	580	600	610	630
	5400	300	340	370	400	420	450	470	500	520	540	560	580	600	610	630	650	670
	5700	320	350	390	420	450	470	500	520	550	570	590	610	630	650	670	690	700
	6000	330	370	410	440	470	500	520	550	570	600	620	640	660	680	700	720	740

楼盖梁高选择表：杉木，等级为 TC11A，150 宽系列，活荷载=2.5kN/m^2　　表 5

楼盖梁：恒荷载=0.5kN/m^2

梁宽:150		梁间距/mm																
		1200	1500	1800	2100	2400	2700	3000	3300	3600	3900	4200	4500	4800	5100	5400	5700	6000
梁跨/mm	1500	80	90	90	100	110	120	120	130	130	140	140	150	150	160	160	170	170
	1800	90	100	110	120	130	140	140	150	160	160	170	180	180	190	190	200	200
	2400	120	140	150	160	170	180	190	200	210	220	220	230	240	250	250	260	270

楼盖梁：恒荷载=0.5kN/m²																		
梁宽：150		梁间距/mm																
		1200	1500	1800	2100	2400	2700	3000	3300	3600	3900	4200	4500	4800	5100	5400	5700	6000
梁跨/mm	2700	140	150	170	180	190	200	210	220	230	240	250	260	270	280	290	290	300
	3000	150	170	180	200	210	230	240	250	260	270	280	290	300	310	320	330	330
	3300	170	190	200	220	230	250	260	270	290	300	310	320	330	340	350	360	370
	3600	180	200	220	240	250	270	280	300	310	320	330	350	360	370	380	390	400
	3900	200	220	240	260	280	290	310	320	340	350	360	370	390	400	410	420	430
	4200	210	240	260	280	300	310	330	350	360	380	390	400	420	430	440	450	470
	4500	230	250	270	300	320	340	350	370	390	400	420	430	450	460	470	490	500
	4800	240	270	290	320	340	360	380	390	410	430	440	460	480	490	500	520	530
	5100	250	280	310	340	360	380	400	420	440	460	470	490	500	520	540	550	560
	5400	270	300	330	350	380	400	420	440	460	480	500	520	530	550	570	580	600
	5700	280	320	350	370	400	420	450	470	490	510	530	550	560	580	600	610	630
	6000	300	330	360	390	420	450	470	490	510	530	550	570	590	610	630	650	660

楼盖梁高选择表：杉木，等级为 TC11A，180 宽系列，活荷载=2.5kN/m² **表 6**

楼盖梁：恒荷载=0.5kN/m²																		
梁宽：180		梁间距/mm																
		1200	1500	1800	2100	2400	2700	3000	3300	3600	3900	4200	4500	4800	5100	5400	5700	6000
梁跨/mm	1500	70	80	90	90	100	110	110	120	120	130	130	130	140	140	150	150	150
	1800	90	90	100	110	120	130	130	140	140	150	160	160	170	170	180	180	180
	2400	110	120	140	150	160	170	170	180	190	200	210	210	220	230	230	240	240
	2700	130	140	150	160	180	190	200	210	210	220	230	240	250	250	260	270	270
	3000	140	150	170	180	190	210	220	230	240	250	260	260	270	280	290	300	300
	3300	150	170	190	200	210	230	240	250	260	270	280	290	300	310	320	330	330

续表

楼盖梁：恒荷载＝0.5kN/m^2																		
梁宽：180		梁间距/mm																
		1200	1500	1800	2100	2400	2700	3000	3300	3600	3900	4200	4500	4800	5100	5400	5700	6000
梁跨/mm	3600	170	180	200	220	230	250	260	270	280	300	310	320	330	340	350	360	360
	3900	180	200	220	240	250	270	280	290	310	320	330	340	350	360	370	390	390
	4200	190	210	240	250	270	290	300	320	330	340	360	370	380	390	400	410	420
	4500	210	230	250	270	290	310	320	340	350	370	380	390	410	420	430	440	450
	4800	220	240	270	290	310	330	340	360	380	390	410	420	430	450	460	470	480
	5100	230	260	280	310	330	350	370	380	400	420	430	450	460	480	490	500	510
	5400	250	270	300	320	350	370	390	410	420	440	460	470	490	500	520	530	540
	5700	260	290	320	340	370	390	410	430	450	460	480	500	510	530	550	560	570
	6000	270	300	330	360	380	410	430	450	470	490	510	520	540	560	570	590	600

楼盖梁高选择表：杉木，等级为 TC11A，120 宽系列，活荷载＝3.5kN/m^2 **表 7**

楼盖梁：恒荷载＝0.5kN/m^2																		
梁宽：120		梁间距/mm																
		1200	1500	1800	2100	2400	2700	3000	3300	3600	3900	4200	4500	4800	5100	5400	5700	6000
梁跨/mm	1500	100	110	120	130	140	150	160	160	170	180	180	190	200	200	210	210	220
	1800	120	130	140	160	170	180	190	190	200	210	220	230	230	240	250	250	260
	2400	160	180	190	210	220	230	250	260	270	280	290	300	310	320	330	340	350
	2700	180	200	210	230	250	260	280	290	300	310	330	340	350	360	370	380	390
	3000	200	220	240	260	270	290	310	320	330	350	360	370	390	400	410	420	430
	3300	210	240	260	280	300	320	340	350	370	380	400	410	420	440	450	460	470
	3600	230	260	280	310	330	350	370	380	400	420	430	450	460	480	490	500	520
	3900	250	280	310	330	350	380	400	420	430	450	470	480	500	510	530	540	560
	4200	270	300	330	360	380	400	430	450	470	490	500	520	540	550	570	590	600

续表

楼盖梁：恒荷载＝0.5kN/m^2																		
梁宽：120		梁间距/mm																
		1200	1500	1800	2100	2400	2700	3000	3300	3600	3900	4200	4500	4800	5100	5400	5700	6000
梁跨/mm	4500	290	320	350	380	410	430	460	480	500	520	540	560	580	590	610	630	640
	4800	310	350	380	410	440	460	490	510	530	550	570	590	610	630	650	670	690
	5100	330	370	400	430	460	490	520	540	570	590	610	630	650	670	690	710	730
	5400	350	390	420	460	490	520	550	570	600	620	650	670	690	710	730	750	770
	5700	370	410	450	480	520	550	580	600	630	660	680	710	730	750	770	790	810
	6000	390	430	470	510	540	580	610	640	660	690	720	740	770	790	810	830	860

楼盖梁高选择表：杉木，等级为TC11A，150宽系列，活荷载＝3.5kN/m^2 **表8**

楼盖梁：恒荷载＝0.5kN/m^2																		
梁宽：150		梁间距/mm																
		1200	1500	1800	2100	2400	2700	3000	3300	3600	3900	4200	4500	4800	5100	5400	5700	6000
梁跨/mm	1500	90	100	110	120	130	130	140	150	150	160	160	170	180	180	190	190	200
	1800	110	120	130	140	150	160	170	170	180	190	200	200	210	220	220	230	230
	2400	140	160	170	190	200	210	220	230	240	250	260	270	280	290	290	300	310
	2700	160	180	190	210	220	230	250	260	270	280	290	300	310	320	330	340	350
	3000	180	200	210	230	250	260	270	290	300	310	320	330	350	360	370	380	390
	3300	190	210	230	250	270	290	300	320	330	340	360	370	380	390	400	410	420
	3600	210	230	260	280	290	310	330	340	360	370	390	400	410	430	440	450	460
	3900	230	250	280	300	320	340	350	370	390	400	420	430	450	460	470	490	500
	4200	240	270	300	320	340	360	380	400	420	430	450	470	480	500	510	520	540
	4500	260	290	320	340	370	390	410	430	450	470	480	500	520	530	550	560	580
	4800	280	310	340	370	390	410	440	460	480	500	510	530	550	570	580	600	610
	5100	290	330	360	390	410	440	460	480	510	530	550	570	580	600	620	640	650

续表

楼盖梁：恒荷载＝0.5kN/m²																		
梁宽：150		梁间距/mm																
		1200	1500	1800	2100	2400	2700	3000	3300	3600	3900	4200	4500	4800	5100	5400	5700	6000
梁跨/mm	5400	310	350	380	410	440	460	490	510	540	560	580	600	620	640	650	670	690
	5700	330	370	400	430	460	490	520	540	570	590	610	630	650	670	690	710	730
	6000	350	390	420	460	490	520	540	570	590	620	640	660	690	710	730	750	770

楼盖梁高选择表：杉木，等级为 TC11A，180 宽系列，活荷载＝3.5kN/m² **表 9**

楼盖梁：恒荷载＝0.5kN/m²																		
梁宽：180		梁间距/mm																
		1200	1500	1800	2100	2400	2700	3000	3300	3600	3900	4200	4500	4800	5100	5400	5700	6000
梁跨/mm	1500	80	90	100	110	110	120	130	130	140	150	150	160	160	170	170	170	180
	1800	100	110	120	130	140	140	150	160	170	170	180	190	190	200	200	210	210
	2400	130	140	160	170	180	190	200	210	220	230	240	250	250	260	270	280	280
	2700	140	160	180	190	200	210	230	240	250	260	270	280	280	290	300	310	320
	3000	160	180	200	210	220	240	250	260	270	290	300	310	320	330	330	340	350
	3300	180	200	210	230	250	260	280	290	300	310	320	340	350	360	370	380	390
	3600	190	210	230	250	270	280	300	310	330	340	350	370	380	390	400	410	420
	3900	210	230	250	270	290	310	320	340	350	370	380	400	410	420	430	450	460
	4200	220	250	270	290	310	330	350	370	380	400	410	430	440	450	470	480	490
	4500	240	270	290	310	330	350	370	390	410	430	440	460	470	490	500	510	530
	4800	250	280	310	330	360	380	400	420	440	450	470	490	500	520	530	550	560
	5100	270	300	330	350	380	400	420	440	460	480	500	520	530	550	570	580	600
	5400	280	320	350	370	400	420	450	470	490	510	530	550	560	580	600	610	630
	5700	300	340	370	400	420	450	470	490	520	540	560	580	600	610	630	650	670
	6000	320	350	390	420	440	470	500	520	540	570	590	610	630	650	660	680	700

5.1.2 胶合木

楼盖梁高选择表：胶合木，等级为 TC_T24，120 宽系列，活荷载＝2.0kN/m² **表 10**

楼盖梁：恒荷载＝0.5kN/m²

梁宽:120		梁间距/mm																
		1200	1500	1800	2100	2400	2700	3000	3300	3600	3900	4200	4500	4800	5100	5400	5700	6000
梁跨/mm	1500	80	90	100	100	110	110	110	120	120	120	130	130	130	130	140	140	140
	1800	100	110	110	120	130	130	130	140	140	150	150	150	160	160	160	170	170
	2400	130	140	150	160	170	170	180	180	190	190	200	200	210	210	220	220	220
	2700	150	160	170	180	190	190	200	210	210	220	220	230	230	240	240	250	250
	3000	160	180	190	200	210	210	220	230	240	240	250	250	260	260	270	270	280
	3300	180	190	210	220	230	230	240	250	260	260	270	280	280	290	290	300	300
	3600	200	210	220	240	250	260	260	270	280	290	300	300	310	310	320	330	330
	3900	210	230	240	250	270	280	290	300	300	310	320	330	330	340	350	350	360
	4200	230	250	260	270	290	300	310	320	330	340	340	350	360	370	370	380	390
	4500	240	260	280	290	310	320	330	340	350	360	370	380	380	390	400	410	410
	4800	260	280	300	310	330	340	350	360	370	380	390	400	410	420	430	430	440
	5100	280	300	320	330	350	360	370	380	400	410	420	430	440	440	450	460	470
	5400	290	310	330	350	370	380	390	410	420	430	440	450	460	470	480	490	500
	5700	310	330	350	370	390	400	420	430	440	450	470	480	490	500	510	510	520
	6000	320	350	370	390	410	420	440	450	470	480	490	500	510	520	530	540	550

楼盖梁高选择表：胶合木，等级为 TC_T24，150 宽系列，活荷载＝2.0kN/m² **表 11**

楼盖梁：恒荷载＝0.5kN/m²

梁宽:150		梁间距/mm																
		1200	1500	1800	2100	2400	2700	3000	3300	3600	3900	4200	4500	4800	5100	5400	5700	6000
梁跨/mm	1500	80	80	90	90	100	100	110	110	110	110	120	120	120	120	130	130	130
	1800	90	100	110	110	120	120	130	130	130	140	140	140	150	150	150	150	160

续表

楼盖梁:恒荷载=0.5kN/m²																		
梁宽:150		梁间距/mm																
		1200	1500	1800	2100	2400	2700	3000	3300	3600	3900	4200	4500	4800	5100	5400	5700	6000
梁跨/mm	2400	120	130	140	150	150	160	170	170	180	180	180	190	190	200	200	200	210
	2700	140	150	160	170	170	180	190	190	200	200	210	210	220	220	220	230	230
	3000	150	160	170	180	190	200	210	210	220	220	230	240	240	240	250	250	260
	3300	170	180	190	200	210	220	230	230	240	250	250	260	260	270	270	280	280
	3600	180	200	210	220	230	240	250	250	260	270	270	280	290	290	300	300	310
	3900	200	210	230	240	250	260	270	270	280	290	300	300	310	320	320	330	330
	4200	210	230	240	250	270	280	290	300	300	310	320	330	330	340	350	350	360
	4500	230	240	260	270	280	300	310	320	330	330	340	350	360	360	370	380	380
	4800	240	260	280	290	300	320	330	340	350	360	360	370	380	390	400	400	410
	5100	260	280	290	310	320	330	350	360	370	380	390	400	400	410	420	430	440
	5400	270	290	310	330	340	350	370	380	390	400	410	420	430	440	440	450	460
	5700	290	310	330	340	360	370	390	400	410	420	430	440	450	460	470	480	490
	6000	300	320	340	360	380	390	410	420	430	440	450	470	480	480	490	500	510

楼盖梁高选择表：胶合木，等级为 TC_T24，180 宽系列，活荷载=2.0kN/m² **表 12**

楼盖梁:恒荷载=0.5N/m²																		
梁宽:180		梁间距/mm																
		1200	1500	1800	2100	2400	2700	3000	3300	3600	3900	4200	4500	4800	5100	5400	5700	6000
梁跨/mm	1500	70	80	80	90	90	100	100	100	110	110	110	110	120	120	120	120	120
	1800	90	100	100	110	110	110	120	120	130	130	130	130	140	140	140	150	150
	2400	120	130	130	140	150	150	160	160	170	170	170	180	180	190	190	190	200
	2700	130	140	150	160	160	170	180	180	190	190	200	200	200	210	210	220	220
	3000	140	160	160	170	180	190	190	200	210	210	220	220	230	230	240	240	240

续表

楼盖梁:恒荷载=0.5N/m^2																		
梁宽:180		梁间距/mm																
		1200	1500	1800	2100	2400	2700	3000	3300	3600	3900	4200	4500	4800	5100	5400	5700	6000
梁跨/mm	3300	160	170	180	190	200	210	210	220	230	230	240	240	250	250	260	260	270
	3600	170	190	200	210	220	220	230	240	250	250	260	260	270	280	280	290	290
	3900	190	200	210	220	230	240	250	260	270	270	280	290	290	300	300	310	310
	4200	200	220	230	240	250	260	270	280	290	290	300	310	310	320	330	330	340
	4500	210	230	240	260	270	280	290	300	310	310	320	330	340	340	350	360	360
	4800	230	250	260	270	290	300	310	320	330	340	340	350	360	370	370	380	390
	5100	240	260	280	290	300	320	330	340	350	360	360	370	380	390	400	400	410
	5400	260	280	290	310	320	330	350	360	370	380	390	390	400	410	420	430	430
	5700	270	290	310	320	340	350	360	380	390	400	410	420	430	430	440	450	460
	6000	280	310	320	340	360	370	380	400	410	420	430	440	450	460	470	470	480

楼盖梁高选择表：胶合木，等级为 TC_T24，120 宽系列，活荷载=2.5kN/m^2　　表 13

楼盖梁:恒荷载=0.5kN/m^2																		
梁宽:120		梁间距/mm																
		1200	1500	1800	2100	2400	2700	3000	3300	3600	3900	4200	4500	4800	5100	5400	5700	6000
梁跨/mm	1500	90	100	100	110	110	120	120	120	130	130	130	140	140	140	150	150	150
	1800	110	110	120	130	130	140	140	150	150	160	160	160	170	170	170	180	180
	2400	140	150	160	170	180	180	190	190	200	210	210	220	220	220	230	240	240
	2700	160	170	180	190	200	200	210	220	220	230	240	240	250	250	260	270	270
	3000	170	190	200	210	220	230	240	240	250	260	260	270	270	280	290	300	300
	3300	190	210	220	230	240	250	260	270	270	280	290	290	300	310	320	320	330
	3600	210	220	240	250	260	270	280	290	300	310	310	320	330	330	340	350	360
	3900	230	240	260	270	280	290	300	310	320	330	340	350	350	360	370	380	390

续表

楼盖梁:恒荷载=0.5kN/m^2																		
梁宽:120		梁间距/mm																
		1200	1500	1800	2100	2400	2700	3000	3300	3600	3900	4200	4500	4800	5100	5400	5700	6000
梁跨/mm	4200	240	260	280	290	300	320	330	340	350	360	370	370	380	390	400	410	420
	4500	260	280	300	310	330	340	350	360	370	380	390	400	410	420	430	440	450
	4800	280	300	320	330	350	360	370	380	400	410	420	430	440	440	460	470	480
	5100	290	320	330	350	370	380	400	410	420	430	440	450	460	470	490	500	510
	5400	310	330	350	370	390	400	420	430	440	460	470	480	490	500	510	530	540
	5700	330	350	370	390	410	430	440	460	470	480	490	510	520	530	540	560	570
	6000	340	370	390	410	430	450	470	480	490	510	520	530	540	550	570	590	600

楼盖梁高选择表：胶合木，等级为TC_T24，150宽系列，活荷载=2.5kN/m^2 **表14**

楼盖梁:恒荷载=0.5kN/m^2																		
梁宽:150		梁间距/mm																
		1200	1500	1800	2100	2400	2700	3000	3300	3600	3900	4200	4500	4800	5100	5400	5700	6000
梁跨/mm	1500	80	90	100	100	100	110	110	120	120	120	120	130	130	130	130	140	140
	1800	100	110	110	120	120	130	130	140	140	140	150	150	150	160	160	160	170
	2400	130	140	150	160	160	170	180	180	190	190	200	200	200	210	210	220	220
	2700	150	160	170	180	180	190	200	200	210	210	220	220	230	230	240	240	250
	3000	160	170	190	190	200	210	220	230	230	240	240	250	250	260	260	270	270
	3300	180	190	200	210	220	230	240	250	250	260	270	270	280	290	290	300	300
	3600	190	210	220	230	240	250	260	270	280	280	290	300	300	310	320	320	330
	3900	210	230	240	250	260	270	280	290	300	310	320	320	330	340	340	350	350
	4200	230	240	260	270	280	290	300	310	320	330	340	350	350	360	370	380	380
	4500	240	260	280	290	300	310	330	340	350	350	360	370	380	390	390	400	410
	4800	260	280	290	310	320	330	350	360	370	380	390	400	400	410	420	430	440

续表

楼盖梁:恒荷载=0.5kN/m^2																		
梁宽:150		梁间距/mm																
		1200	1500	1800	2100	2400	2700	3000	3300	3600	3900	4200	4500	4800	5100	5400	5700	6000
梁跨/mm	5100	270	290	310	330	340	360	370	380	390	400	410	420	430	440	450	450	460
	5400	290	310	330	350	360	380	390	400	410	420	430	440	450	460	470	480	490
	5700	300	330	350	370	380	400	410	420	440	450	460	470	480	490	500	510	520
	6000	320	340	370	380	400	420	430	450	460	470	480	490	500	510	520	530	540

楼盖梁高选择表：胶合木，等级为TC_T24，180宽系列，活荷载=2.5kN/m^2 **表15**

楼盖梁:恒荷载=0.5kN/m^2																		
梁宽:180		梁间距/mm																
		1200	1500	1800	2100	2400	2700	3000	3300	3600	3900	4200	4500	4800	5100	5400	5700	6000
梁跨/mm	1500	80	80	90	90	100	100	110	110	110	110	120	120	120	120	130	130	130
	1800	90	100	110	110	120	120	130	130	130	140	140	140	150	150	150	150	160
	2400	120	130	140	150	150	160	170	170	180	180	180	190	190	200	200	200	210
	2700	140	150	160	170	170	180	190	190	200	200	210	210	220	220	220	230	230
	3000	150	160	170	180	190	200	210	210	220	220	230	240	240	240	250	250	260
	3300	170	180	190	200	210	220	230	230	240	250	250	260	260	270	270	280	280
	3600	180	200	210	220	230	240	250	250	260	270	270	280	290	290	300	300	310
	3900	200	210	230	240	250	260	270	270	280	290	300	300	310	320	320	330	330
	4200	210	230	240	250	270	280	290	300	300	310	320	330	330	340	350	350	360
	4500	230	240	260	270	280	300	310	320	330	330	340	350	360	360	370	380	380
	4800	240	260	280	290	300	320	330	340	350	360	360	370	380	390	400	400	410
	5100	260	280	290	310	320	330	350	360	370	380	390	400	400	410	420	430	440
	5400	270	290	310	330	340	350	370	380	390	400	410	420	430	440	440	450	460
	5700	290	310	330	340	360	370	390	400	410	420	430	440	450	460	470	480	490
	6000	300	320	340	360	380	390	410	420	430	440	450	470	480	480	490	500	510

楼盖梁高选择表：胶合木，等级为 TC_T24，120 宽系列，活荷载=3. 5kN/m² 表 16

楼盖梁：恒荷载=0. 5kN/m²																		
梁宽：120		梁间距/mm																
		1200	1500	1800	2100	2400	2700	3000	3300	3600	3900	4200	4500	4800	5100	5400	5700	6000
梁跨/mm	1500	100	110	110	120	120	130	130	140	140	140	150	150	160	160	170	180	190
	1800	120	130	130	140	150	150	160	160	170	170	180	180	190	200	200	220	230
	2400	150	170	180	180	190	200	210	210	220	230	240	240	250	260	270	290	300
	2700	170	190	200	210	220	220	230	240	250	260	270	270	280	290	300	320	340
	3000	190	210	220	230	240	250	260	270	270	280	290	300	310	320	340	360	370
	3300	210	230	240	250	260	270	280	290	300	310	320	330	340	360	370	390	410
	3600	230	250	260	270	290	300	310	320	330	340	350	360	380	390	400	430	450
	3900	250	270	280	300	310	320	330	340	350	370	380	390	410	420	440	460	480
	4200	270	290	300	320	330	350	360	370	380	390	410	420	440	450	470	500	520
	4500	280	310	330	340	360	370	380	400	410	420	440	450	470	480	500	530	560
	4800	300	330	350	360	380	400	410	420	440	450	470	480	500	510	540	570	590
	5100	320	350	370	390	400	420	440	450	460	480	500	510	530	550	570	600	630
	5400	340	370	390	410	430	440	460	480	490	510	530	540	560	580	600	640	670
	5700	360	390	410	430	450	470	490	500	520	530	550	570	590	610	640	670	710
	6000	380	410	430	450	480	490	510	530	540	560	580	600	620	640	670	710	740

楼盖梁高选择表：胶合木，等级为 TC_T24，150 宽系列，活荷载=35kN/m² 表 17

楼盖梁：恒荷载=0. 5kN/m²																		
梁宽：150		梁间距/mm																
		1200	1500	1800	2100	2400	2700	3000	3300	3600	3900	4200	4500	4800	5100	5400	5700	6000
梁跨/mm	1500	90	100	100	110	110	120	120	130	130	130	140	140	140	150	150	160	160
	1800	110	120	120	130	140	140	150	150	150	160	160	170	170	180	180	190	190
	2400	140	150	160	170	180	190	190	200	200	210	220	220	230	230	240	250	250

续表

楼盖梁:恒荷载=0.5kN/m²																		
梁宽:150		梁间距/mm																
		1200	1500	1800	2100	2400	2700	3000	3300	3600	3900	4200	4500	4800	5100	5400	5700	6000
梁跨/mm	2700	160	170	180	190	200	210	220	220	230	240	240	250	250	260	270	280	280
	3000	180	190	200	210	220	230	240	250	250	260	270	270	280	290	300	310	310
	3300	200	210	220	230	240	250	260	270	280	290	290	300	310	320	330	340	340
	3600	210	230	240	260	270	280	290	300	300	310	320	330	340	350	360	370	380
	3900	230	250	260	280	290	300	310	320	330	340	350	350	360	380	390	400	410
	4200	250	270	280	300	310	320	330	340	350	360	370	380	390	400	420	430	440
	4500	260	280	300	320	330	350	360	370	380	390	400	410	420	430	440	460	470
	4800	280	300	320	340	350	370	380	390	400	420	430	440	450	460	470	490	500
	5100	300	320	340	360	380	390	400	420	430	440	450	460	470	490	500	520	530
	5400	320	340	360	380	400	410	430	440	450	470	480	490	500	520	530	550	560
	5700	330	360	380	400	420	440	450	470	480	490	500	520	530	550	560	580	590
	6000	350	380	400	420	440	460	480	490	500	520	530	540	560	570	590	610	620

楼盖梁高选择表：胶合木，等级为 TC_T24，180 宽系列，活荷载=3.5kN/m² **表 18**

楼盖梁:恒荷载=0.5kN/m²																		
梁宽:180		梁间距/mm																
		1200	1500	1800	2100	2400	2700	3000	3300	3600	3900	4200	4500	4800	5100	5400	5700	6000
梁跨/mm	1500	90	90	100	100	110	110	120	120	120	130	130	130	130	140	140	140	150
	1800	100	110	120	120	130	130	140	140	150	150	150	160	160	160	170	170	170
	2400	140	150	150	160	170	180	180	190	190	200	200	210	210	220	220	220	230
	2700	150	160	170	180	190	200	200	210	220	220	230	230	240	240	250	250	260
	3000	170	180	190	200	210	220	230	230	240	250	250	260	260	270	270	280	290
	3300	180	200	210	220	230	240	250	260	260	270	280	280	290	300	300	310	320

续表

楼盖梁：恒荷载=0.5kN/m²																		
梁宽：180		梁间距/mm																
		1200	1500	1800	2100	2400	2700	3000	3300	3600	3900	4200	4500	4800	5100	5400	5700	6000
梁跨/mm	3600	200	220	230	240	250	260	270	280	290	290	300	310	320	320	330	330	340
	3900	220	230	250	260	270	280	290	300	310	320	330	330	340	350	350	360	370
	4200	230	250	270	280	290	300	310	320	330	340	350	360	370	370	380	390	400
	4500	250	270	280	300	310	330	340	350	360	370	380	380	390	400	410	420	430
	4800	270	290	300	320	330	350	360	370	380	390	400	410	420	430	440	440	460
	5100	280	300	320	340	350	370	380	390	400	420	430	440	440	450	460	470	480
	5400	300	320	340	360	370	390	400	420	430	440	450	460	470	480	490	500	510
	5700	310	340	360	380	400	410	430	440	450	460	480	490	500	510	520	530	540
	6000	330	360	380	400	420	430	450	460	480	490	500	510	520	530	540	550	570

5.2 屋盖梁选择表

5.2.1 杉木

屋盖梁高选择表：杉木，等级为 TC11A，120 宽系列，活荷载=0.5kN/m² **表 19**

屋盖梁：恒荷载=0.5kN/m²																		
梁宽：120		梁间距/mm																
		1200	1500	1800	2100	2400	2700	3000	3300	3600	3900	4200	4500	4800	5100	5400	5700	6000
梁跨/mm	1500	50	60	60	70	70	70	80	80	90	90	90	90	100	100	100	110	110
	1800	60	70	70	80	80	90	90	100	100	110	110	110	120	120	120	130	130
	2400	80	90	100	100	110	120	120	130	130	140	140	150	150	160	160	170	170
	2700	90	100	110	120	120	130	140	140	150	160	160	170	170	180	180	190	190
	3000	100	110	120	130	140	140	150	160	170	170	180	180	190	200	200	210	210
	3300	110	120	130	140	150	160	170	170	180	190	200	200	210	220	220	230	230

屋盖梁:恒荷载=0.5kN/m²																		
梁宽:120		梁间距/mm																
		1200	1500	1800	2100	2400	2700	3000	3300	3600	3900	4200	4500	4800	5100	5400	5700	6000
梁跨/mm	3600	120	130	140	150	160	170	180	190	200	210	210	220	230	230	240	250	250
	3900	130	140	150	160	180	190	200	200	210	220	230	240	250	250	260	270	270
	4200	140	150	160	180	190	200	210	220	230	240	250	260	260	270	280	290	300
	4500	150	160	180	190	200	210	220	240	250	260	270	270	280	290	300	310	320
	4800	160	170	190	200	210	230	240	250	260	270	280	290	300	310	320	330	340
	5100	170	180	200	210	230	240	250	270	280	290	300	310	320	330	340	350	360
	5400	180	190	210	230	240	260	270	280	290	310	320	330	340	350	360	370	380
	5700	180	200	220	240	250	270	280	300	310	320	330	350	360	370	380	390	400
	6000	190	210	230	250	270	280	300	310	330	340	350	360	380	390	400	410	420

屋盖梁高选择表：杉木，等级为 TC11A，150 宽系列，活荷载=0.5kN/m² **表 20**

屋盖梁:恒荷载=0.5kN/m²																		
梁宽:150		梁间距/mm																
		1200	1500	1800	2100	2400	2700	3000	3300	3600	3900	4200	4500	4800	5100	5400	5700	6000
梁跨/mm	1500	50	50	60	60	60	70	70	70	80	80	80	90	90	90	90	100	100
	1800	60	60	70	70	80	80	80	90	90	90	100	100	100	110	110	110	120
	2400	80	80	90	90	100	100	110	110	120	120	130	130	140	140	150	150	150
	2700	80	90	100	100	110	120	120	130	130	140	140	150	150	160	160	170	170
	3000	90	100	110	110	120	130	140	140	150	150	160	170	170	180	180	190	190
	3300	100	110	120	130	130	140	150	160	160	170	180	180	190	190	200	200	210
	3600	110	120	130	140	150	150	160	170	180	180	190	200	200	210	220	220	230
	3900	120	130	140	150	160	170	180	180	190	200	210	210	220	230	230	240	250
	4200	130	140	150	160	170	180	190	200	210	210	220	230	240	240	250	260	260

续表

屋盖梁：恒荷载=0.5kN/m²																		
梁宽：150		梁间距/mm																
		1200	1500	1800	2100	2400	2700	3000	3300	3600	3900	4200	4500	4800	5100	5400	5700	6000
梁跨/mm	4500	140	150	160	170	180	190	200	210	220	230	240	250	250	260	270	280	280
	4800	150	160	170	180	190	200	210	220	230	240	250	260	270	280	290	290	300
	5100	150	170	180	190	200	220	230	240	250	260	270	280	290	300	300	310	320
	5400	160	180	190	200	220	230	240	250	260	270	280	290	300	310	320	330	340
	5700	170	180	200	210	230	240	250	270	280	290	300	310	320	330	340	350	360
	6000	180	190	210	220	240	250	270	280	290	300	320	330	340	350	360	370	380

屋盖梁高选择表：杉木，等级为 TC11A，180 宽系列，活荷载=0.5kN/m² **表 21**

屋盖梁：恒荷载=0.5kN/m²																		
梁宽：180		梁间距/mm																
		1200	1500	1800	2100	2400	2700	3000	3300	3600	3900	4200	4500	4800	5100	5400	5700	6000
梁跨/mm	1500	50	50	50	60	60	60	60	70	70	70	80	80	80	80	90	90	90
	1800	50	60	60	70	70	70	80	80	80	90	90	90	100	100	100	100	110
	2400	70	80	80	90	90	100	100	110	110	110	120	120	130	130	130	140	140
	2700	80	90	90	100	100	110	110	120	120	130	130	140	140	150	150	150	160
	3000	90	90	100	110	110	120	120	130	140	140	150	150	160	160	170	170	170
	3300	100	100	110	120	120	130	140	140	150	160	160	170	170	180	180	190	190
	3600	100	110	120	130	130	140	150	160	160	170	170	180	190	190	200	200	210
	3900	110	120	130	140	140	150	160	170	180	180	190	200	200	210	210	220	220
	4200	120	130	140	150	150	160	170	180	190	200	200	210	220	220	230	240	240
	4500	130	140	150	160	170	180	180	190	200	210	220	220	230	240	250	250	260
	4800	140	150	160	170	180	190	200	210	210	220	230	240	250	250	260	270	280
	5100	150	160	170	180	190	200	210	220	230	240	250	250	260	270	280	290	290

续表

屋盖梁:恒荷载=0.5kN/m²																		
梁宽:180		梁间距/mm																
		1200	1500	1800	2100	2400	2700	3000	3300	3600	3900	4200	4500	4800	5100	5400	5700	6000
梁跨/mm	5400	150	170	180	190	200	210	220	230	240	250	260	270	280	290	290	300	310
	5700	160	170	180	200	210	220	230	240	250	260	270	280	290	300	310	320	330
	6000	170	180	190	210	220	230	240	260	270	280	290	300	310	320	330	330	340

5.2.2 胶合木

屋盖梁高选择表：胶合木，等级为 TC_T24，120 宽系列，活荷载=0.5kN/m² **表 22**

屋盖梁:恒荷载=0.5kN/m²																		
梁宽:120		梁间距/mm																
		1200	1500	1800	2100	2400	2700	3000	3300	3600	3900	4200	4500	4800	5100	5400	5700	6000
梁跨/mm	1500	60	60	70	70	70	70	80	80	80	80	80	90	90	90	90	90	100
	1800	70	70	80	80	80	90	90	90	100	100	100	100	110	110	110	110	110
	2400	90	100	100	110	110	120	120	120	130	130	130	140	140	140	140	150	150
	2700	100	110	110	120	120	130	130	140	140	150	150	150	160	160	160	160	170
	3000	110	120	130	130	140	140	150	150	160	160	160	170	170	180	180	180	190
	3300	120	130	140	140	150	160	160	170	170	180	180	180	190	190	200	200	200
	3600	130	140	150	160	160	170	180	180	190	190	200	200	210	210	210	220	220
	3900	140	150	160	170	180	180	190	200	200	210	210	220	220	230	230	240	240
	4200	150	160	170	180	190	200	210	210	220	220	230	230	240	240	250	250	260
	4500	160	180	190	200	200	210	220	230	230	240	240	250	260	260	270	270	280
	4800	170	190	200	210	220	230	230	240	250	250	260	270	270	280	280	290	290
	5100	180	200	210	220	230	240	250	260	260	270	280	280	290	300	300	310	310
	5400	190	210	220	230	240	250	260	270	280	290	290	300	310	310	320	320	330
	5700	210	220	230	250	260	270	280	290	290	300	310	320	320	330	340	340	350
	6000	220	230	250	260	270	280	290	300	310	320	320	330	340	350	350	360	370

屋盖梁高选择表：胶合木，等级为 TC_T24，150 宽系列，活荷载=0.5kN/m² 表 23

屋盖梁：恒荷载=0.5kN/m²																		
梁宽：150		梁间距/mm																
		1200	1500	1800	2100	2400	2700	3000	3300	3600	3900	4200	4500	4800	5100	5400	5700	6000
梁跨/mm	1500	50	60	60	60	70	70	70	70	80	80	80	80	80	80	90	90	90
	1800	60	70	70	80	80	80	80	90	90	90	90	100	100	100	100	100	110
	2400	80	90	90	100	100	110	110	110	120	120	120	130	130	130	130	140	140
	2700	90	100	110	110	120	120	120	130	130	140	140	140	140	150	150	150	160
	3000	100	110	120	120	130	130	140	140	150	150	150	160	160	160	170	170	170
	3300	110	120	130	130	140	150	150	160	160	160	170	170	180	180	180	190	190
	3600	120	130	140	150	150	160	160	170	170	180	180	190	190	200	200	200	210
	3900	130	140	150	160	170	170	180	180	190	190	200	200	210	210	210	220	220
	4200	140	150	160	170	180	180	190	200	200	210	210	220	220	230	230	240	240
	4500	150	160	170	180	190	200	200	210	220	220	230	230	240	240	250	250	260
	4800	160	170	180	190	200	210	220	220	230	240	240	250	250	260	260	270	270
	5100	170	180	200	210	210	220	230	240	240	250	260	260	270	270	280	280	290
	5400	180	190	210	220	230	240	240	250	260	270	270	280	280	290	300	300	310
	5700	190	210	220	230	240	250	260	270	270	280	290	290	300	310	310	320	320
	6000	200	220	230	240	250	260	270	280	290	290	300	310	320	320	330	330	340

屋盖梁高选择表：胶合木，等级为 TC_T24，180 宽系列，活荷载=0.5kN/m² 表 24

屋盖梁：恒荷载=0.5kN/m²																		
梁宽：180		梁间距/mm																
		1200	1500	1800	2100	2400	2700	3000	3300	3600	3900	4200	4500	4800	5100	5400	5700	6000
梁跨/mm	1500	50	50	60	60	60	70	70	70	70	70	70	80	80	80	80	80	80
	1800	60	60	70	70	70	80	80	80	80	90	90	90	90	90	100	100	100
	2400	80	80	90	90	100	100	100	110	110	110	120	120	120	120	130	130	130

屋盖梁：恒荷载＝0.5kN/m²																		
梁宽：180		梁间距/mm																
		1200	1500	1800	2100	2400	2700	3000	3300	3600	3900	4200	4500	4800	5100	5400	5700	6000
梁跨/mm	2700	90	90	100	100	110	110	120	120	120	130	130	130	140	140	140	140	150
	3000	100	100	110	120	120	130	130	130	140	140	140	150	150	150	160	160	160
	3300	110	110	120	130	130	140	140	150	150	150	160	160	170	170	170	180	180
	3600	120	120	130	140	140	150	150	160	160	170	170	180	180	180	190	190	190
	3900	120	130	140	150	160	160	170	170	180	180	190	190	190	200	200	210	210
	4200	130	140	150	160	170	170	180	190	190	200	200	210	210	210	220	220	230
	4500	140	150	160	170	180	190	190	200	200	210	210	220	220	230	230	240	240
	4800	150	160	170	180	190	200	200	210	220	220	230	230	240	240	250	250	260
	5100	160	170	180	190	200	210	220	220	230	240	240	250	250	260	260	270	270
	5400	170	180	190	200	210	220	230	240	240	250	260	260	270	270	280	280	290
	5700	180	190	210	220	230	230	240	250	260	260	270	280	280	290	290	300	300
	6000	190	200	220	230	240	250	250	260	270	280	280	290	300	300	310	310	320

附录11　木质覆面板

定向刨花板（OSB）集中静载和冲击载荷指标要求　　**表1**

用途	标准跨距（最大允许跨距）/mm	试验条件	冲击载荷/（N·m）	最小集中极限载荷/kN		890N集中静载作用下的最大挠度/mm
				静载	冲击后静载	
屋面板	400(410)	干态及湿态	102	1.78	1.33	11.1[a,b]
	500(500)[d]	干态及湿态	102	1.78	1.33	11.9[a,b]
	600(610)	干态及湿态	102	1.78	1.33	12.7[a,b]

续表

用途	标准跨距（最大允许跨距）/mm	试验条件	冲击载荷/（N·m）	最小集中极限载荷/kN		890N集中静载作用下的最大挠度/mm
				静载	冲击后静载	
屋面板	800(820)	干态及湿态	122	1.78	1.33	12.7[a,b]
	1000 (1020)	干态及湿态	163	1.78	1.33	12.7[a,b]
	1200(1220)	干态及湿态	203	1.78	1.33	12.7[a,b]
底层楼面板	400(410)	干态及湿态重新干燥	102	1.78	1.78	4.8[a]
	500(500)[d]	干态及湿态重新干燥	102	1.78	1.78	5.6[a]
	600(610)	干态及湿态重新干燥	102	1.78	1.78	6.4[a]
	800(820)	干态及湿态重新干燥	122	2.45	1.78	5.3[a]
	1200(1220)	干态及湿态重新干燥	203	2.45	1.78	8.0[a]
单层楼面板	400(410)	干态及湿态重新干燥	102	2.45	1.78	2.0[c]
	500(500)[d]	干态及湿态重新干燥	102	2.45	1.78	2.4[c]
	600(610)	干态及湿态重新干燥	102	2.45	1.78	2.7[c]
	800(820)	干态及湿态重新干燥	122	3.11	1.78	2.2[c]
	1200(1220)	干态及湿态重新干燥	203	3.11	1.78	3.4[c]

注：1. 测试前模拟OSB可能遇到的实际使用条件，以调解板材的含水率，使其满足规定的实验条件要求。
2. [a] 只测量集中静载的挠度，不测量冲击载荷后集中静载的挠度。
3. [b] 对于湿态试验条件下的屋面板，不测量挠度指标。
4. [c] 需测量静载和冲击荷载后静载作用下的挠度。
5. [d] 标准跨距为500mm，适合使用跨距为488mm。

定向刨花板（OSB）均布载荷指标要求 **表2**

用途	标准跨距（最大允许跨距）/mm	试验条件	最大挠度测试载荷/kPa	性能要求	
				最大平均挠度/mm	最小极限均布载荷/kPa
墙面板	400(410)	干态	不测	不测	3.6[b]
	600(610)		不测	不测	3.6[b]
屋面板	400(410)[a]	干态	1.68	1.7	7.2
	500(500)[a,c]		1.68	2.0	7.2

续表

用途	标准跨距(最大允许跨距)/mm	试验条件	最大挠度测试载荷/kPa	性能要求	
				最大平均挠度/mm	最小极限均布载荷/kPa
屋面板	600(610)[a]	干态	1.68	2.5	7.2
	800(820)		1.68	3.4	7.2
	1000(1020)		1.68	4.2	7.2
	1200(1220)		1.68	5.1	7.2
底层楼面板	400(410)	干态及湿态重新干燥	4.79	1.1	15.8
	500(500)[c]		4.79	1.3	15.8
	600(610)		4.79	1.7	15.8
	800(820)		4.79	2.2	15.8
	1200(1220)		3.83	3.4	10.8
单层楼面板	400(410)	干态及湿态重新干燥	4.79	1.1	15.8
	500(500)[c]		4.79	1.3	15.8
	600(610)		4.79	1.7	15.8
	800(820)		4.79	2.2	15.8
	1200(1220)		3.83	3.4	10.8

注：1. [a] 用作标准跨距为 400mm、500mm 的屋面板，也应满足标准跨距为 400mm 的墙面板的性能要求；用作标准跨距为 600mm 的屋面板，其性能亦应满足标准跨距为 600mm 的墙面板的性能要求。

2. [b] 除非另有要求，否则测试时 OSB 板的强轴应平行于支撑。

3. [c] 标准跨距为 500mm，适合使用跨距为 488mm。

定向刨花板（OSB）特殊覆面板均布载荷指标要求 **表 3**

名义厚度/mm	试验条件	最大挠度测试载荷/kPa	性能要求	
			最大平均挠度/mm	最小极限均布载荷/kPa
11.0	干态	0.96	2.5	4.3
12.0	干态	1.68	2.5	6.5
12.5	干态	1.92	2.5	7.2
15.0,16.0	干态	3.35	2.5	11.5
18.5,19.0	干态	4.31	2.5	14.4

定向刨花板（OSB）握钉力指标要求 表 4

等级	用途	板厚/mm	钉子尺寸(直径×长度)/mm	试验条件	最小极限载荷/N	
					侧压握钉力	板面握钉力
覆面板	墙面板	≤12.5	2.9×51	干态	778	不测
		>12.5	3.3×64	湿态重新干燥	600	不测
	屋面板	≤12.5	2.9×51	干态	778	89
		>12.5	3.3×64	湿态重新干燥	600	67
	底层楼面板	≤12.5	2.9×51	干态	934	89
		>12.5	3.3×64	湿态重新干燥	712	67
单层楼面板	楼面板	≤12.5	2.9×51	干态	934	89
		>12.5	3.3×64	湿态重新干燥	712	67

定向刨花板（OSB）强轴方向胶合性能要求 表 5

名义厚度/mm	用途标准跨距/mm	单位宽度最大弯曲力矩/(N·mm/mm)	名义厚度/mm	用途标准跨距/mm	单位宽度最大弯曲力矩/(N·mm/mm)
9.5	屋面板 600	310	14.5	单层楼面板 400	390
11.0	屋面板 600/底层楼面板 400	350	15.0,16.0	单层楼面板 500	420
12.0,12.5	屋面板 800/底层楼面板 400	380	18.5,19.0	单层楼面板 600	610
15.0,16.0	屋面板 1000/底层楼面板 500	450	22.0,25.5	单层楼面板 800	1000
18.5,19.0	屋面板 1200/底层楼面板 600	640	28.5	单层楼面板 1200	1140

定向刨花板（OSB）弯曲刚度和强度的质量保证最小参考值 表 6

用途等级	用途标准跨距或板厚		单位宽度弯曲刚度/(N·mm^2/mm)		单位宽度弯曲力矩/(N·mm/mm)	
			平行[a]	垂直[b]	平行[a]	垂直[b]
覆面板	用途标准跨距/mm	屋面板 600	292	85	330	130
		屋面板 600/底层楼面板 400	395	94	390	140
		屋面板 800/底层楼面板 400	490	113	460	190
		屋面板 1000/底层楼面板 500	1240	358	810	360
		屋面板 1200/底层楼面板 600	1790	763	920	510

续表

用途等级	用途标准跨距或板厚		单位宽度弯曲刚度/(N·mm²/mm)		单位宽度弯曲力矩/(N·mm/mm)	
			平行[a]	垂直[b]	平行[a]	垂直[b]
特殊覆面板	名义板厚/mm	9.5	292	85	330	130
		11.0	395	141	390	220
		12.0	490	245	460	320
		12.5	490	273	460	330
		15.0,16.0	1240	471	810	500
		18.5,19.0	1790	716	920	650
单层楼面板	标准跨距(最大允许跨距)/mm	400(410)	876	198	650	230
		500(500)	1110	264	710	240
		600(610)	1600	546	910	320
		800(820)	4170	1270	1570	600
		1200(1220)	8660	2110	2080	820

注：1. 本表性能值不应作为设计性能值。
2. [a]平行：强轴方向，即OSB板表层刨花定向方向，通常为长度方向。
3. [b]垂直：垂直强轴方向，通常为宽度方向。

轻型木结构建筑覆面板用OSB跨距等级标识 **表7**

产品用途标识	跨距标识					
	4	5	6	8	10	12
	推荐相邻支撑构件的最大中心距/mm					
	400	500	600	800	1000	1200
1F	1F4	1F5	1F6	1F8	*[a]	1F12
2F	2F4	2F5	2F6	2F8	*	2F12
1R	1R4	1R5	1R6	1R8	1R10	1R12
2R	2R4	2R5	2R6	2R8	2R10	2R12
W	W4	W5	W6	*	*	*

注：1. 板材标记由产品用途和相应的跨度标记组成。
2. 适合多个用途使用的产品可使用多个相应的跨距等级标识，如1R6/2F4。
3. [a] *不包括。

轻型木结构建筑覆面板用 OSB 的跨距等级标识和用途对应关系　　表 8

用途	本标准标识	加拿大 CSAO325 标准标识	美国 PS2 标准标识	美国常用跨距等级标识[a]
屋面板	1R4 或 2R4	1R16 或 2R16	Roof-16	16/0[b]
	1R5 或 2R5	1R20 或 2R20	Roof-20	20/0[b]
	2R6	2R24	Roof-24	24/0
	1R6	1R24	Roof-24	24/16
	2R8	2R32	Roof-32	32/16
	1R8	1R32	Roof-32	40/20
	2R10	2R40	Roof-40	40/20
	1R10	1R40	Roof-40	54/32[b]
	2R12	2R48	Roof-48	48/24
	1R12	1R48	Roof-48	60/48
底层楼面板	2F4	2F16	Subfloor-16	32/16
	2F5	2F20	Subfloor-20	40/20
	2F6	2F24	Subfloor-24	48/24
	2F8	—	Subfloor-32	54/32[b]
	2F12	—	Subfloor-48	60/48
单层楼面板	1F4	1F16	Single Floor-16	16 oc
	1F5	1F20	Single Floor-20	20 oc [c]
	1F6	1F24	Single Floor-24	24 oc
	1F8	1F32	Single Floor-32	32 oc
	1F12	1F48	Single Floor-48	48 oc
墙面板	W4	W16	Wall-16	Wall-16 或 16/0
	W5	W20	Wall-20	Wall-20 或 20/0
	W6	W24	Wall-24	Wall-24,24/0,或 24/16

注：1. 对同一用途等级和跨距下使用的 OSB 产品，其集中载荷、均布载荷、握钉力、胶合性能和物理性能要求与北美标准等同。
2. 北美标准中的跨距单位为英寸。
3. [a] 常用分数表示，分子和分母数字分别表示该产品作为屋面板和底层楼面板时相邻支撑构件的最大中心距离（英寸），该产品应同时满足相应的屋面板和底层楼面板的要求。
4. [b] 不常生产。
5. [c] OC（on centre）：相邻支撑构件的中心距离。

参考文献：国家林业局. 轻型木结构建筑覆面板用定向刨花板：LY/T 2389—2014 [S]. 北京：中国标准出版社，2014.

强度分级结构胶合板静曲强度和弹性模量指标 **表 9**

强度等级	弹性模量/10^3MPa		静曲强度/MPa	
	顺纹	横纹	顺纹	横纹
E5.0-F16.0	5.0	3 层单板为 0.4， 4 层单板为 1.1， 5 层单板为 1.8， 6 层及以上单板为 2.2	16.0	3 层单板为 5.0， 4 层单板为 6.5， 5 层单板为 9.0， 6 层单板及以上为 10.0
E5.5-F17.5	5.5		17.5	
E6.0-F19.0	6.0		19.0	
E6.5-F20.5	6.5		20.5	
E7.0-F22.0	7.0		22.0	
E7.5-F24.5	7.5		24.5	
E8.0-F27.0	8.0		27.0	

参考文献：中华人民共和国国家质量监督检验检疫总局，中国国家标准化管理委员会. 结构胶合板：GB/T 35216—2017 [S]. 北京：中国标准出版社，2017.

附录 12　结构材产品标识样例

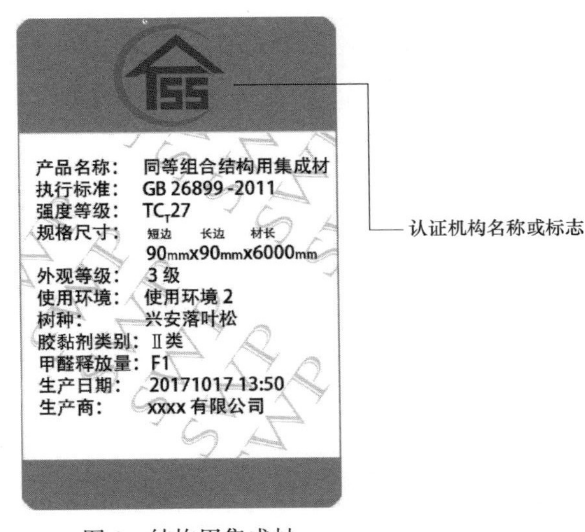

图 1　结构用集成材

图 2　锯材

TSS
产品名称： OSB-12.5A
(覆面用定向刨花板)
执行标准： LY/T 2389-2014
用途等级： 单层楼面板
规格尺寸： 厚 宽 长
12.5mmx1220mmx2440mm
跨距标识： 1F4
胶合等级： 暴露Ⅰ级
生产日期： 20180718 13:10
生产商： xxxxxx有限公司
认证机构名称或标志

图 3 定向刨花板

TSS
产品名称： FFM-40x40
(户外防腐木)
执行标准： GB/T 27651-2011
GB/T 29399-2012
防腐等级： C3.2
防虫等级： C4A
树种： 落叶松
防腐剂： ACQ-3
生产日期： 20180624 09:32
生产商： xxxxxx有限公司
认证机构名称或标志

图 4 室外防腐材产品标识

附录 13 木构件燃烧性能和耐火极限

木结构建筑中构件的燃烧性能和耐火极限

表 1

构件名称	燃烧性能和耐火极限/h	构件名称	燃烧性能和耐火极限/h
防火墙	不燃性 3.00	非承重外墙、疏散走道两侧的隔墙	难燃性 0.75
电梯井墙体	不燃性 1.00	房间隔墙	难燃性 0.50
承重墙、住宅建筑单元之间的墙、分户墙和楼梯间的墙	难燃性 1.00	梁、承重柱	可燃性 1.00

续表

构件名称	燃烧性能和耐火极限/h	构件名称	燃烧性能和耐火极限/h
楼盖	难燃性 0.75	疏散楼梯	难燃性 0.50
屋顶承重构件	可燃性 0.50	室内吊顶	难燃性 0.15

注：1. 除现行国家标准《建筑设计防火规范》GB 50016 另有规定外，当同一座木结构建筑有不同高度的屋顶时，较低部分的屋顶承重构件和屋面不应采用可燃性构件；当较低部分的屋顶承重构件采用难燃性构件时，其耐火极限不应小于 0.75h。

2. 轻型木结构建筑的屋顶，除防水层、保温层和屋面板外，其他部分均应视为屋顶承重构件，且不应采用可燃性构件，耐火极限不应低于 0.50h。

3. 当建筑的层数不超过 2 层、防火墙间的建筑面积小于 $600m^2$，且防火墙间的建筑长度小于 60m 时，建筑构件的燃烧性能和耐火极限应按现行国家标准《建筑设计防火规范》GB 50016 中有关四级耐火等级建筑的要求确定。

常见木构件的燃烧性能和耐火极限 **表 2**

构件名称			截面图和结构厚度或截面最小尺寸	耐火极限/h	燃烧性能
承重墙	两侧为耐火石膏板的承重内墙	1. 15mm 厚耐火石膏板 2. 墙骨柱最小截面 40mm×90mm 3. 填充岩棉或玻璃棉 4. 15mm 厚耐火石膏板 5. 墙骨柱间距为 400mm 或 610mm	最小厚度120mm	1.00	难燃性
	曝火面为耐火石膏板，另一侧为定向刨花板的承重外墙	1. 15mm 厚耐火石膏板 2. 墙骨柱最小截面 40mm×90mm 3. 填充岩棉或玻璃棉 4. 15mm 厚定向刨花板 5. 墙骨桂间距为 400mm 或 610mm	最小厚度120mm 曝火面	1.00	难燃性
非承重墙	两侧为石膏板的非承重内墙	1. 双层 15mm 厚耐火石膏板 2. 双排墙骨柱，墙骨柱截面 40mm×90mm 3. 填充岩棉或玻璃棉 4. 双层 15mm 厚耐火石膏板 5. 墙骨柱间距为 400mm 或 610mm	厚度245mm	2.00	难燃性

续表

构件名称			截面图和结构厚度或截面最小尺寸/mm	耐火极限/h	燃烧性能
非承重墙	两侧为石膏板的非承重内墙	1. 双层 15mm 厚耐火石膏板 2. 双排墙骨柱交错放置在 40mm×140mm 的底梁板上，墙骨柱截面 40mm×90mm 3. 填充岩棉或玻璃棉 4. 双层 15mm 厚耐火石膏板 5. 墙骨柱间距为 400mm 或 610mm	厚度200mm	2.00	难燃性
		1. 双层 12mm 厚耐火石膏板 2. 墙骨柱截面 40mm×90mm 3. 填充岩棉或玻璃棉 4. 双层 12mm 厚耐火石膏板 5. 墙骨柱间距为 400mm 或 610mm	厚度138mm	1.00	难燃性
		1. 12mm 厚耐火石膏板 2. 墙骨柱最小截面 40mm×90mm 3. 填充岩棉或玻璃棉 4. 12mm 厚耐火石膏板 5. 墙骨柱间距为 400mm 或 610mm	最小厚度114mm	0.75	难燃性
		1. 15mm 厚普通石膏板 2. 墙骨柱最小截面 40mm×90mm 3. 填充岩棉或玻璃棉 4. 15mm 厚普通石膏板 5. 墙骨柱间距为 400mm 或 610mm	最小厚度120mm	0.50	难燃性
	一侧石膏板、另一侧定向刨花板的非承重外墙	1. 12mm 厚耐火石膏板 2. 墙骨柱最小截面 40mm×90mm 3. 填充岩棉或玻璃棉 4. 12mm 厚定向刨花板 5. 墙骨柱间距为 400mm 或 610mm	最小厚度114mm 曝火面	0.75	难燃性
		1. 15mm 厚普通石膏板 2. 墙骨柱最小截面 40mm×90mm 3. 填充岩棉或玻璃棉 4. 15mm 厚定向刨花板 5. 墙骨柱间距为 400mm 或 610mm	最小厚度120mm 曝火面	0.75	难燃性

续表

构件名称			截面图和结构厚度或截面最小尺寸/mm	耐火极限/h	燃烧性能
楼盖		1. 楼面板为 18mm 厚定向刨花板或胶合板 2. 实木格栅或工字木格栅，间距 400mm 或 610mm 3. 填充岩棉或玻璃棉 4. 吊顶为双层 12mm 耐火石膏板	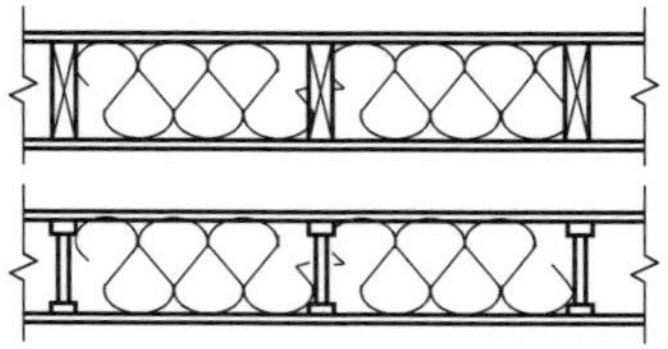	1.00	难燃性
		1. 楼面板为 15mm 厚定向刨花板或胶合板 2. 实木格栅或工字木格栅，间距 400mm 或 610mm 3. 填充岩棉或玻璃棉 4. 13mm 隔声金属龙骨 5. 吊顶为 12mm 耐火石膏板	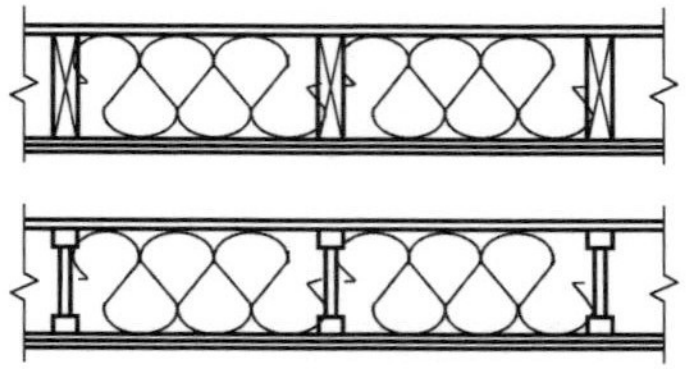	0.50	难燃性
吊顶		1. 木楼盖结构 2. 木板条 30mm×50mm，间距 400mm 3. 吊顶为 12mm 耐火石膏板	独立吊顶，厚度 34mm 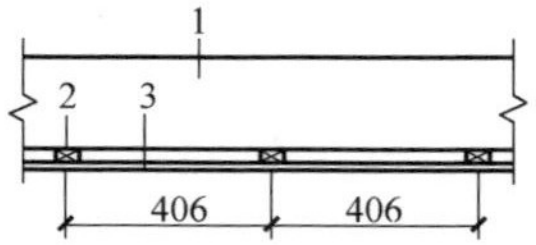 1 2 3 406 406	0.25	难燃性
屋顶承重构件		1. 屋顶椽条或轻型木桁架，间距 400mm 或 610mm 2. 填充保温材料 3. 吊顶为 12mm 耐火石膏板	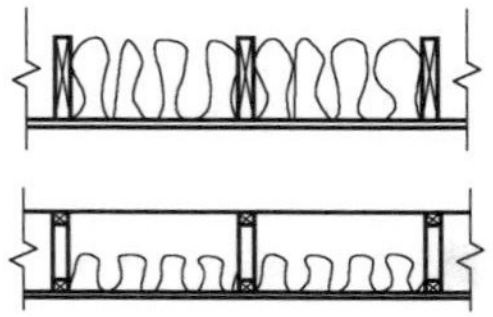	0.50	难燃性
梁	仅支撑屋顶的横梁	截面不小于 90mm×140mm 锯材	—	0.75	可燃性
		截面不小于 80mm×160mm 胶合木	—	0.75	可燃性
	支撑屋顶及楼盖的横梁	截面不小于 140mm×240mm 锯材	—	0.75	可燃性
		截面不小于 190mm×190mm 锯材		0.75	可燃性
		截面不小于 130mm×230mm 胶合木		0.75	可燃性
		截面不小于 180mm×190mm 胶合木		0.75	可燃性

续表

构件名称			截面图和结构厚度或截面最小尺寸/mm	耐火极限/h	燃烧性能
柱	仅支撑屋顶的柱	截面不小于 140mm×190mm 锯材	—	0.75	可燃性
		截面不小于 130mm×190mm 胶合木		0.75	可燃性
	支撑屋顶及楼盖的柱	截面不小于 190mm×190mm 锯材	—	0.75	可燃性
		截面不小于 180mm×190mm 胶合木		0.75	可燃性

楼盖燃烧性能和耐火极限 **表 3**

楼盖构造		防火性能	
		耐火极限/h	燃烧性能
标准楼盖	①木地板+②格栅+③木板	—	可燃性
	①木地板+②格栅+③15mm 厚耐火板	0.25	难燃性
	①木地板+②格栅+③2 层 15mm 厚耐火板	0.50	难燃性
改进型楼盖	①面层+②2 层 13mm 厚石膏板+③18mm 厚 OSB 定向刨花板+④格栅和保温层+⑤2 层耐火板	1.00	难燃性
	①面层+②2 层 13mm 厚石膏板+③18mm 厚 OSB 定向刨花板+④格栅和保温层+⑤2 层耐火板+⑥附加 30mm 厚空声层+⑦隔声材料	1.00	难燃性
高性能楼盖	①面层+②30mm 厚空声层+③格栅和保温层+④2 层耐火板	1.00	难燃性
	①面层+②30mm 厚空声层+③格栅和保温层+④2 层耐火板+⑤隔声材料	1.00	难燃性

注：最小保温层厚 100mm。

井干式外墙、分户墙燃烧性能和耐火极限 **表 4**

部位	序号	构造做法	耐火极限/h	
			有紧固件	燃烧性能
外墙	1	①134mm 横木+②45mm 保温层+③木板(或 13mm 石膏板)	1.00	可燃性
	2	①134mm 横木+②95mm 保温层+③木板(或 13mm 石膏板)	1.00	可燃性
	3	①204mm 横木+②45mm 保温层+③木板(或 13mm 石膏板)	2.00	可燃性
	4	①204mm 横木+②95mm 保温层+③木板(或 13mm 石膏板)	2.00	可燃性

续表

部位	序号	构造做法	耐火极限/h	
			有紧固件	燃烧性能
分户墙	1	①15mm 防火石膏板+②134mm 横木+③15mm 防火石膏板	1.25	难燃性
	2	①15mm 防火石膏板+②204mm 横木+③15mm 防火石膏板	2.25	难燃性
	3	①2 层 15mm 防火石膏板+②134mm 横木+③2 层 15mm 防火石膏板	1.50	难燃性
	4	①2 层 15mm 防火石膏板+②204mm 横木+③2 层 15mm 防火石膏板	2.50	难燃性
	5	①15mm 防火石膏板+②134mm 横木+③45mm 保温层+④15mm 防火石膏板	1.25	难燃性
	6	①15mm 防火石膏板+②134mm 横木+③95mm 保温层+④15mm 防火石膏板	1.25	难燃性
	7	①15mm 防火石膏板+②204mm 横木+③45mm 保温层+④15mm 防火石膏板	2.25	难燃性
	8	①15mm 防火石膏板+②204mm 横木+③95mm 保温层+④15mm 防火石膏板	2.25	难燃性
	9	①15mm 防火石膏板+②45mm 保温层+③134mm 横木+④45mm 保温层+⑤15mm 防火石膏板	1.75	难燃性
	10	①15mm 防火石膏板+②95mm 保温层+③134mm 横木+④95mm 保温层+⑤15mm 防火石膏板	1.75	难燃性
	11	①15mm 防火石膏板+②45mm 保温层+③204mm 横木+④45mm 保温层+⑤15mm 防火石膏板	2.75	难燃性
	12	①15mm 防火石膏板+②95mm 保温层+③204mm 横木+④95mm 保温层+⑤15mm 防火石膏板	2.75	难燃性

附录 14 楼盖和墙体隔声性能

楼盖隔声性能 **表 1**

楼盖构造		隔声量/dB	
		空气声隔声量	撞击声隔声量
		$R_w(C;Ctr)$	L_n,w
标准楼盖	①木地板+②格栅+③木板	33(−1;−3)	<85
	①木地板+②格栅+③15mm 石膏板	41(−3;−8)	<85
	①木地板+②格栅+③2 层 15mm 石膏板	46(−2;−7)	<85

续表

楼盖构造		隔声量/dB	
		空气声隔声量	撞击声隔声量
		R_w(C;Ctr)	L_n,w
提高型楼盖	①面层+②2 层 13mm 石膏板+③18mm 定向刨花板+④格栅和保温层+⑤2 层石膏板	55(−2;−3)	65～80
	①面层+②2 层 13mm 石膏板+③18mm 定向刨花板+④格栅和保温层+⑤2 层石膏板+⑥30mm 空声层	57(−1;−5)	59～63
	①面层+②2 层 13mm 石膏板+③18mm 定向刨花板+④格栅和保温层+⑤2 层石膏板+⑥30mm 空声层+⑦隔声材料	63(−1;−6)	49～53
高性能楼盖	①面层+②30mm 空声层+③格栅和保温+④2 层石膏板	65(−1;−4)	60～65
	①面层+②30mm 空声层+③格栅和保温+④2 层石膏板+⑤隔声材料	73(−1;−6)	47～52

注：最小保温层厚 100mm。

参考文献：中国建筑标准设计研究院. 古松现代重木结构建筑图集：16CJ 67-1 [M]. 北京：中国计划出版社，2016.

井干式外墙、分户墙隔声性能 **表 2**

部位	序号	构造做法	隔声量/dB
			R_w(C;Ctr)
外墙	1	①134mm 横木+②45mm 保温层+③木板(或 13mm 石膏板)	48(−3;−7)
	2	①134mm 横木+②95mm 保温层+③木板(或 13mm 石膏板)	51(−2;−7)
	3	①204mm 横木+②45mm 保温层+③木板(或 13mm 石膏板)	51(−2;−6)
	4	①204mm 横木+②95mm 保温层+③木板(或 13mm 石膏板)	54(−1;−6)
分户墙	1	①15mm 石膏板+②134mm 横木+③15mm 石膏板	44(−1;−3)
	2	①15mm 石膏板+②204mm 横木+③15mm 石膏板	44(0;−3)
	3	①2 层 15mm 石膏板+②134mm 横木+③2 层 15mm 石膏板	47(−1;−3)
	4	①2 层 15mm 石膏板+②204mm 横木+③2 层 15mm 石膏板	47(−1;−3)
	5	①15mm 石膏板+②134mm 横木+③45mm 保温层+④15mm 石膏板	55(−2;−6)
	6	①15mm 石膏板+②134mm 横木+③95mm 保温层+④15mm 石膏板	56(−1;−4)

续表

部位	序号	构造做法	隔声量/dB
			R_w(C;Ctr)
分户墙	7	①15mm 石膏板+②204mm 横木+③45mm 保温层+④15mm 石膏板	57(−2;−7)
	8	①15mm 石膏板+②204mm 横木+③95mm 保温层+④15mm 石膏板	58(−1;−5)
	9	①15mm 石膏板+②45mm 保温层+③134mm 横木+④45mm 保温层+⑤15mm 石膏板	61(−4;−11)
	10	①15mm 石膏板+②95mm 保温层+③134mm 横木+④95mm 保温层+⑤15mm 石膏板	66(−3;−8)
	11	①15mm 石膏板+②45mm 保温层+③204mm 横木+④45mm 保温层+⑤15mm 石膏板	64(−4;−11)
	12	①15mm 石膏板+②95mm 保温层+③204mm 横木+④95mm 保温层+15mm 石膏板	69(−2;−8)

参考文献：中国建筑标准设计研究院. 古松现代重木结构建筑图集：16CJ 67-1 [M]. 北京：中国计划出版社，2016.

墙骨柱外墙、内隔墙隔声性能 **表 3**

部位	序号	构造做法	隔声量/dB
			R_w
外墙	1	①12mm 石膏板(竖)+②38mm×89mm@400mm 墙骨柱+③70mm 玻璃棉(填充)+④12mm 定向刨花板(竖)	41
	2	①12mm 石膏板(竖)+②38mm×89mm@400mm 墙骨柱+③70mm 玻璃棉(填充)+④12mm 定向刨花板(横)	42
	3	①12mm 石膏板(竖)+②38mm×140mm@400mm 墙骨柱+③70mm 玻璃棉(填充)+④12mm 定向刨花板(竖)	44
	4	①12mm 石膏板(竖)+②38mm×140mm@400mm 墙骨柱+③70mm 玻璃棉(填充)+④12mm 定向刨花板(横)	44
内隔墙	1	①12mm 石膏板(竖)+②38mm×89mm@300mm 墙骨柱+③12mm 石膏板(竖)	35
	2	①12mm 石膏板(竖)+②38mm×89mm@400mm 墙骨柱+③12mm 石膏板(竖)	39
	3	①12mm 石膏板(竖)+②38mm×89mm@400mm 墙骨柱+③12mm 石膏板(横)	38
	4	①12mm 石膏板(竖)+②38mm×89mm@600mm 墙骨柱+③12mm 石膏板(竖)	39

附录 15　墙体热工性能

未保温井干式墙体传热系数/[W/(m^2 · K)]　　表 1

墙体	简图	厚度 a/mm	传热系数
胶合木横木		88	1.11
		90	0.95
		100	0.87
		112	0.82
		134	0.78
		182	0.58
		204	0.53
	a	242	0.46
		270	0.41
方木横木		90	0.93
		100	0.74
原木横木		170	0.73
		190	0.65
		210	0.59
		230	0.55
		260	0.48

外保温井干式墙体传热系数/[W/(m² · K)] **表 2**

墙体	简图	墙体厚度 a/mm	保温材料(岩棉)厚度 b/m				
			45	95	120	145	195
胶合木横木	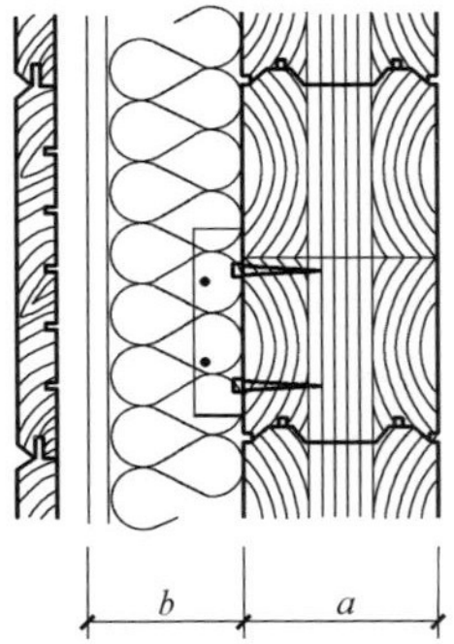	88	0.43	0.29	0.25	0.22	0.18
		112	0.40	0.27	0.24	0.21	0.17
		134	0.37	0.26	0.23	0.20	0.17
		182	0.32	0.24	0.21	0.19	0.16
		204	0.30	0.23	0.20	0.18	0.15
		242	0.28	0.21	0.19	0.17	0.15
		270	0.26	0.20	0.18	0.17	0.14
原木横木	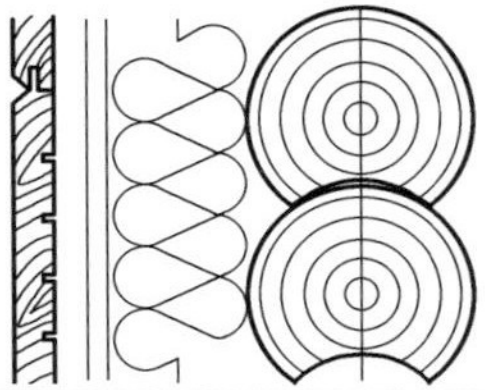	170	0.36	0.26	0.22	0.20	0.16
		190	0.34	0.25	0.22	0.19	0.16
		210	0.32	0.24	0.21	0.19	0.16
		230	0.31	0.23	0.20	0.18	0.15
		260	0.29	0.22	0.19	0.18	0.15

墙骨柱墙体传热系数/[W/(m² · K)] **表 3**

序号	墙体构造	构造图	墙骨柱宽度/mm	外保温材料厚度/mm	内保温材料厚度/mm	传热系数
1	石膏板+岩棉+石膏板	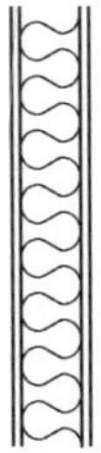	90	0	90	0.529

续表

序号	墙体构造	构造图	墙骨柱宽度/mm	外保温材料厚度/mm	内保温材料厚度/mm	传热系数
2	石膏板＋岩棉＋胶合板		90	0	90	0.494
3	结构胶合板＋岩棉＋胶合板		90	0	90	0.489
4	石膏板＋塑料薄膜＋岩棉＋挤塑板		90	40	90	0.350
5	石膏板＋塑料薄膜＋岩棉＋聚苯板		90	40	90	0.368

续表

序号	墙体构造	构造图	墙骨柱宽度/mm	外保温材料厚度/mm	内保温材料厚度/mm	传热系数
6	石膏板+塑料薄膜+岩棉+胶合板		90	0	90	0.492
7	石膏板+塑料薄膜+岩棉+胶合板+聚苯板		90	40	90	0.345
8	石膏板+塑料薄膜+岩棉+胶合板+挤塑板		90	40	90	0.335
9	石膏板+塑料薄膜+岩棉+挤塑板		140	40	140	0.241

续表

序号	墙体构造	构造图	墙骨柱宽度/mm	外保温材料厚度/mm	内保温材料厚度/mm	传热系数
10	石膏板+塑料薄膜+岩棉+聚苯板		140	40	140	0.345
11	石膏板+塑料薄膜+岩棉+胶合板		140	0	140	0.380
12	石膏板+塑料薄膜+岩棉+胶合板+聚苯板		140	40	140	0.294
13	石膏板+塑料薄膜+岩棉+胶合板+挤塑板		140	40	140	0.226

附录 16 室内最佳空气湿度控制范围

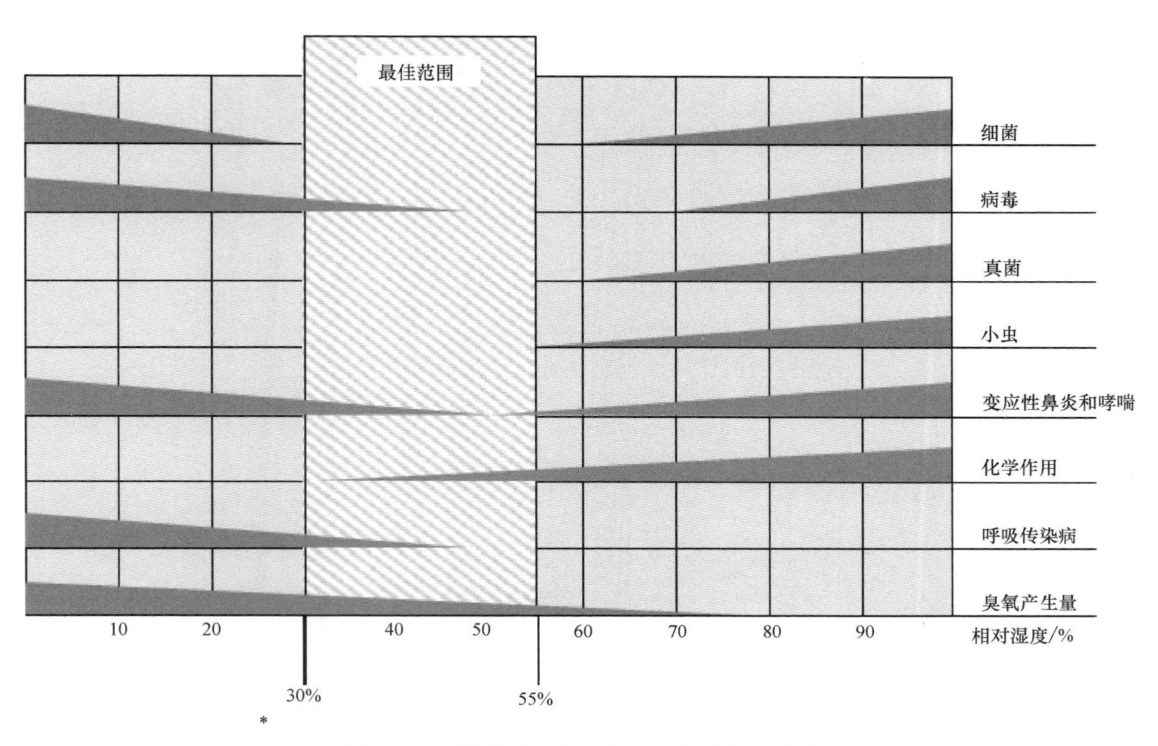

图 1 空气湿度对健康和室内空气质量的影响

参考文献：SIMONSON C J，SALONVAARA M，OJANEN T. The effect of structures on indoor humidity-possibility to improve comfort and perceived air quality [J]. Indoor air，2002，12 (4)：243-251.